Leitfäden der angewandten Informatik

Bauknecht / Zehnder: **Grundzüge der Datenverarbeitung**
Methoden und Konzepte für die Anwendungen
3. Aufl. 293 Seiten. DM 32,–

Beth / Heß / Wirl: **Kryptographie**
205 Seiten. Kart. DM 24,80

Bunke: **Modellgesteuerte Bildanalyse**
309 Seiten. Geb. DM 48,–

Craemer: **Mathematisches Modellieren dynamischer Vorgänge**
288 Seiten. Kart. DM 36,–

Frevert: **Echtzeit-Praxis mit PEARL**
216 Seiten. Kart. DM 28,–

Gorny/Viereck: **Interaktive grafische Datenverarbeitung**
256 Seiten. Geb. DM 52,–

Hofmann: **Betriebssysteme: Grundkonzepte und Modellvorstellungen**
253 Seiten. Kart. DM 34,–

Hultzsch: **Prozeßdatenverarbeitung**
216 Seiten. Kart. DM 22,80

Kästner: **Architektur und Organisation digitaler Rechenanlagen**
224 Seiten. Kart. DM 23,80

Mresse: **Information Retrieval – Eine Einführung**
280 Seiten. Kart. DM 36,–

Müller: **Entscheidungsunterstützende Endbenutzersysteme**
253 Seiten. Kart. DM 26,80

Mußtopf / Winter: **Mikroprozessor-Systeme**
Trends in Hardware und Software
302 Seiten. Kart. DM 29,80

Nebel: **CAD-Entwurfskontrolle in der Mikroelektronik**
211 Seiten. Kart. DM 32,–

Retti et al.: **Artificial Intelligence – Eine Einführung**
X, 214 Seiten. Kart. DM 32,–

Schicker: **Datenübertragung und Rechnernetze**
2. Aufl. 242 Seiten. Kart. DM 32,–

Schmidt et al.: **Digitalschaltungen mit Mikroprozessoren**
2. Aufl. 208 Seiten. Kart. DM 23,80

Schmidt et al.: **Mikroprogrammierbare Schnittstellen**
223 Seiten. Kart. DM 32,–

Schneider: **Problemorientierte Programmiersprachen**
226 Seiten. Kart. DM 23,80

Schreiner: **Systemprogrammierung in UNIX**
Teil 1: Werkzeuge. 315 Seiten. Kart. DM 48,–

Singer: **Programmieren in der Praxis**
2. Aufl. 176 Seiten. Kart. DM 26,–

Specht: **APL-Praxis**
192 Seiten. Kart. DM 22,80

Vetter: **Aufbau betrieblicher Informationssysteme
mittels konzeptioneller Datenmodellierung**
2. Aufl. 317 Seiten. Kart. DM 34,–

Weck: **Datensicherheit**
326 Seiten. Geb. DM 42,–

Wingert: **Medizinische Informatik**
272 Seiten. Kart. DM 23,80

Wißkirchen et al.: **Informationstechnik und Bürosysteme**
255 Seiten. Kart. DM 26,80

Zehnder: **Informationssysteme und Datenbanken**
255 Seiten. Kart. DM 32,–

Zehnder: **Informatik-Projektentwicklung**
223 Seiten. Kart. DM 32,–

Preisänderungen vorbehalten

 Springer Fachmedien Wiesbaden GmbH 1985

Zu diesem Buch

Das Buch wendet sich an Studenten im technischen Hochschulbereich und Ingenieure der Praxis. An mathematischen Kenntnisses wird die
Hochschulreife vorausgesetzt.

Einleitend werden Aufbau und Wirkungsweise von
Rechnern beschrieben. Ausführlich werden Her-
stellungsphasen und Qualitätsmerkmale von Pro-
grammen behandelt. Der Programmablaufplan nach
DIN 66 001 und die Methode der strukturierten
Programmierung stehen im Mittelpunkt dieser
Betrachtungen.

Den Hauptteil des Buches bildet die Beschreibung der Programmiersprache BASIC. Im wesentlichen wird die Durchschnittsmenge aus dem
Microsoft BASICA und der ANSI-Norm behandelt.
Die Beispiele und Aufgaben wurden auf einem
IBM PC gerechnet und stehen auf einer Diskette zur Verfügung.

Programmieren mit Microsoft-BASIC für Ingenieure

Von Dr. rer. nat. Wolfgang Brauch
Professor an der Fachhochschule
Ravensburg – Weingarten

Mit 45 Bildern, 54 Beispielen
und 52 Aufgaben mit Lösungen

Springer Fachmedien Wiesbaden GmbH 1986

Prof. Dr. rer. nat. Wolfgang Brauch

Geboren 1925 in Naumburg/Saale. Von 1947 bis 1952
Studium der Geophysik an der TU Clausthal/Harz.
Nach zweijähriger Industrietätigkeit wiss. Assi-
stent bei Prof.Dr.phil. Karl Jung am Institut für
Geophysik in Clausthal. Von 1958 bis 1965 Dozent
für Mathematik und Physik an der Staatl. Ingenieur-
schule Hannover. Seit 1965 Professor für Mathematik
und Datenverarbeitung an der Fachhochschule Ravens-
burg-Weingarten.

CIP-Kurztitelaufnahme der Deutschen Bibliothek

Brauch, Wolfgang:
Programmieren mit Microsoft-BASIC für Ingenieure
/ von Wolfgang Brauch. - Stuttgart : Teubner,
1986.
    (Teubner-Studienskripten ; 111 : Datenver-
    arbeitung)
    ISBN 978-3-519-00111-9   ISBN 978-3-322-93056-9 (eBook)
    DOI 10.1007/978-3-322-93056-9
NE: GT

Gesamtherstellung: Beltz Offsetdruck, Hemsbach/Bergstr.
Umschlaggestaltung: M. Koch, Reutlingen

VORWORT

Dieses Buch wendet sich an Studenten im technischen Hochschulbereich und Ingenieure der Praxis. Das Lernziel besteht im Er-
werben der für einen Ingenieur notwendigen Grundkenntnisse des
Programmierens. Einleitend werden Aufbau und Wirkungsweise von
Rechnern geschildert. Eine problemorientierte Programmiersprache kann zwar weitgehend ohne diese Kenntnisse erlernt werden,
aber für einen Ingenieur ist es doch recht unbefriedigend, mit
einem Gerät zu arbeiten, ohne etwas von ihm zu wissen.

Ausführlich werden Herstellungsphasen und Qualitätsmerkmale
von Programmen behandelt. Der Programmablaufplan (nach DIN
66 001) und die Methode der strukturierten Programmierung
stehen im Mittelpunkt dieser Betrachtungen. Eine lange Unter-
richtserfahrung lehrt, daß dem Anfänger das Verstehen dieser
unerläßlichen Grundlagen des Programmierens erheblich mehr
Mühe bereitet, als das Erlernen der formalen Regeln einer Programmiersprache. Außerdem ändern sich die Sprachen und ihre
Regeln. Die in diesem Teil des Buches gebotenen Betrachtungen sind wesentlich allgemeingültiger.

Den Hauptteil des Buches bildet die Beschreibung der Programmiersprache BASIC. Dabei entsteht die Schwierigkeit, aus den
zahlreich vorhandenen Versionen dieser Sprache eine geeignete
auszuwählen. Bislang ist nur das Minimal BASIC genormt [2].
Der Umfang dieser Sprache entspricht aber nur etwa den Möglichkeiten eines Taschenrechners. Über die volle Sprache, das sog.
Standard BASIC erscheint seit Jahren ein Normentwurf nach dem
anderen. Deshalb ist es nicht verwunderlich, daß die verschiedenen Software-Hersteller unbeirrt ihre eigenen Wege gehen.
In diesem Buch wird versucht, einen Kompromiss zwischen dem
z.Zt. letzten dieser Entwürfe [1] und dem BASIC der Fa. Microsoft zu finden. Dabei kann in dieser Einführung weder das eine
noch das andere vollständig behandelt werden. Im wesehtlichen
beschränken sich die Ausführungen auf die Durchschnittsmenge
beider Versionen. Damit können die normalen Probleme der Inge-

nieurpraxis gelöst werden. Die Beispiele und Aufgaben wurden
auf einem Personalcomputer der Fa. IBM (IBM PC) gerechnet.
Eine Diskette mit diesen Programmen kann erworben werden. Der
Leser sei auf die unerläßliche Benutzung des Handbuches des
von ihm benutzten Rechners hingewiesen.

Bei der didaktischen Konzeption wurden zwei Extreme vermieden: ein streng axiomatisch-deduktiver Aufbau, aber auch ein
rein induktives Entwickeln der Sprache aus Beispielen. Der
Text wird durch zahlreiche Beispiele und Aufgaben ergänzt.
Hier werden vorwiegend Probleme der numerischen Mathematik
behandelt, die bei zahlreichen technischen Anwendungen auftreten. Es werden aber auch Beispiele aus der allgemeinen Datenverarbeitung gebracht. An mathematischen Kenntnissen wird
die Hochschulreife vorausgesetzt.

Inhaltlich orientiert sich das Buch an dem von mir erschiene-
nen "Programmieren mit FORTRAN 77 für Ingenieure". Die beiden
ähnlich aufgebauten Bücher sollen dem Benutzer einen Wechsel
zwischen diesen beiden Sprachen erleichtern. Es gibt in der
Praxis derartig viele FORTRAN-Programme, daß ein Ingenieur
diese Sprache zumindest lesen können sollte. Im übrigen ist
dieses Buch die Fortführung von "Programmierung mit BASIC",
welches auf den Tischrechner der Fa. Hewlett Packard abgestellt
war.

Zahlreichen Kollegen und Studenten, die mir für die eben genannten Bücher wertvolle Hinweise gegeben haben, die hier ihren
Niederschlag gefunden haben, danke ich herzlich. Dem B.G.
Teubner Verlag danke ich für die verständnisvolle Zusammen-
arbeit.

Ravensburg, im Winter 1985   Wolfgang Brauch

INHALTSVERZEICHNIS

LISTE DER BEISPIELE

Außer den folgenden Beispielen, die meist vollständige Programme beinhalten, befinden sich im Text weitere kurze Formalbeispiele. Bei jedem Beispiel wird hier nach Möglichkeit sowohl das sachliche, als auch das programmiertechnische Problem angebeben.

1   EINLEITUNG

BASIC ist die Abkürzung von "beginner's all purpose symbolic instruction code". Frei übersetzt handelt es sich also um eine für Anfänger geeignete, viele Zwecke verwendbare Programmiersprache mit symbolischen Adressen. Diese Sprache wurde 1964 in den USA durch Kurtz und Kemeny entwickelt. Dieses sog. Dartmouth-BASIC wurde rasch weiter ausgebaut, sodaß BASIC heute keine "Anfängersprache" mehr ist, sondern sich auch zur Lösung technisch-wissenschaftlicher und kaufmännischer Probleme der Praxis eignet. Leider ging bei dieser Weiterentwicklung jeder Rechner-Hersteller eigene Wege, sodaß es heute eine Vielfalt von BASIC-Versionen gibt. Nur langsam beginnt sich die Normung durchzusetzen. Näheres hierzu ist im Vorwort ausgeführt.

Die Sprache BASIC wird so viel benutzt, weil sie (zumindest in ihrem elementaren Teil) leicht erlernbar ist und weil sie von Anfang an als sog. Dialogsprache konzipiert wurde. Der Benutzer hat an seinem Arbeitsplatz einen Bildschirm mit Tastatur, über die Programme und Daten eingegeben, sowie die Ergebnisse ausgegeben werden. Hinter diesen Geräten verbergen sich zwei sehr unterschiedliche technische Konzeptionen:

> Definition: Der Begriff Rechner (computer) bedeutet entweder einen Tischrechner (Personal Computer (PC), Microcomputer) oder eine Rechenanlage.

Es gibt heute Tischrechner ab etwa 2000.-DM, die in einer problemorientierten Sprache programmierbar sind. Rechenanlagen ab etwa 100 000.-DM arbeiten meist im sog. Teilnehmerbetrieb (s. Abschn. 2.3). Dabei arbeiten je nach Größe der Anlage zwischen 5 und 100 Benutzer scheinbar gleichzeitig und unabhängig mit dem Rechner. An ihrem Arbeitsplatz haben sie ein Gerät, das äußerlich einem Tischrechner gleicht. In beiden Fällen findet der beschriebene Dialogbetrieb statt. Er ist insbesondere beim Schreiben und Testen vom Programmen vorteilhaft, also z.B. beim Erlernen des Programmierens. Es gibt allerdings auch Anwendungen der Datenverarbeitung, für die andere Betriebsarten geeigneter sind.

In den vorstehenden Ausführungen wurden Begriffe benutzt, die einer näheren Erläuterung bedürfen:

> <u>Definition</u>: Ein <u>Programm</u> ist eine in einer beliebigen Sprache abgefaßte, vollständige Anweisung zum Lösen einer Aufgabe mittels eines Rechners (nach DIN 44 300). Jedes Programm besteht aus <u>Anweisungen</u> (statements). Die <u>Daten</u> sind die gegebenen Werte (z.B. Zahlen), mit denen die Aufgabe zu lösen ist, sowie die vom Rechner gelieferten Ergebnisse. Programm und Daten gemeinsam werden als <u>Information</u> bezeichnet.

In dieser Definition wird als selbstverständlich vorausgesetzt, daß die benutzte Sprache vom Rechner "verstanden" wird, d.h. daß das Programm auch ausgeführt werden kann. Jedes Programm kann - meist mit verschiedenen Daten - beliebig oft ausgeführt werden. Z.B. sind in einem Programm zum Lösen einer quadratischen Gleichung die Daten die Koeffizienten der Gleichung.

Vor der Verarbeitung befindet sich das Programm im Arbeitsspeicher (s.S. 21) des Rechners. Die hier behandelten Rechner heißen deshalb nach DIN 44 300, Informationsverarbeitung, ausführlich "<u>speicherprogrammierte Digitalrechner</u>". Die Idee der Speicherprogrammierung wurde 1945 vom amerikanischen Mathematiker John v. Neumann entwickelt und gehört zu den wesentlichen Grundlagen der Informationstechnik. Die Speicherprogrammierung erlaubt es, ein Programm während der laufenden Verarbeitung zu ändern und führt in ihrer Konsequenz unmittelbar zu Begriffen wie "lernende Automaten" oder "künstliche Intelligenz".

Der Begriff "Digitalrechner" bedeutet, daß die Zahlen im Rechner durch ihre Ziffern dargestellt werden. Dies ist nicht

selbstverständlich, sondern es gibt eine weitere Klasse von
Rechenmaschinen, die _Analogrechner_, bei denen die Zahlen durch
entsprechende (analoge) physikalische Größen (meist elektrische Spannungen) dargestellt werden. Der Rechenstab ist z.B.
ein mechanischer Analogrechner.

Programme und Daten werden einem Digitalrechner mittels etwa
60 verschiedener Zeichen (10 Ziffern, 26 Buchstaben und Sonderzeichen wie Komma, Punkt usw.) eingegeben. Diese Zeichen
werden hier die _Schriftzeichen_ genannt. Auch die Ausgabe der
Ergebnisse erfolgt mit diesen Zeichen. Die meisten Digitalrechner können intern aber nur zwei verschiedene Zeichen verarbeiten. Dies hat ausschließlich technische Gründe. Zwei
Zeichen können sehr einfach und damit preiswert und störungssicher realisiert werden. Beispiele: zwei Stellungen eines
Schalters, zwei elektrische Spannungspegel, zwei Magnetisie-
rungsrichtungen.

> _Definition:_ Ein Zeichen aus einer Menge von zwei Zeichen
> heißt ein _Binärzeichen_ (_binary_ dig_it_) oder kurz ein _bit_.
> Diese beiden Zeichen werden hier als 0 und 1 geschrieben,
> in der Digitaltechnik werden die Symbole L (low) und H
> (high) benutzt. Größere Einheiten sind $\underline{8 \text{ bits} = 1 \text{ byte}}$
>
> 1 KB = 2^{10} bytes = 1.024 kbyte   1 MB = 2^{20} bytes =
> 1.049 Mbyte

Statt KB wird oft kurz K geschrieben und auch gesprochen, z.B.
64 K. Eine beliebige Anzahl von bits, die logisch zusammen-
gehören, heißt ein _Binärmuster_.

Das Umwandeln von Schriftzeichen und Zahlen in Binärmuster
und umgekehrt, nennt man Codieren. Bei Tischrechnern wird der
im Anhang dargestellte ASCII (American Standard Code for Information Interchange), bei Rechenanlagen oft der EBCDIC (Ex-
tended Binary Coded Decimal Interchange Code) benutzt. In beiden Codes wird ein _Schriftzeichen durch ein byte_ dargestellt.
Das Codieren von Zahlen wird in Abschn. 5.2 behandelt.

2 AUFBAU UND WIRKUNGSWEISE EINES RECHNERS

Die folgende Übersicht zeigt die grundsätzlichen Möglichkeiten des Einsatzes von Rechnern und erleichtert das Verständnis für viele Regeln von Programmiersprachen. Da BASIC vorwiegend auf Tischrechnern verarbeitet wird, liegt der Schwerpunkt der Ausführungen auf diesen Geräten. Weiterführendes
über allgemeine Datenverarbeitung findet man z.B. in [3] .

Im Gesamtgebiet der Informationverarbeitung treten drei Auf-
gabenbereiche auf:

   Transport, Speicherung und Umwandlung von Information.

Ein Tischrechner muß alle drei Aufgaben lösen, wobei der
Schwerpunkt auf der Umwandlung liegt. Bei Rechenanlagen werden diese Aufgaben auf verschiedene Geräte verteilt. Die
Struktur jedes Rechners kann in folgende Bereiche gegliedert
werden:

> Definition: Die hardware ist die Menge der technischen
> (materiellen) Einzelteile eines Rechners. Die software
> ist eine Menge von Programmen, die zum Betrieb des Rech-
> ners erforderlich sind. Wenn die software in Festwert-
> speichern (s.Bild 1 und S. 21) gespeichert ist, wird
> sie firmware genannt.

Von der Definition her sind hardware und software klar zu
unterscheiden. In Bezug auf den Aufgabenbereich ist dies
nicht der Fall. Die im vorigen Abschnitt erläuterte Aufgabe
des Codierens kann z.B. entweder durch die hardware (elektro-
nische Schaltungen) oder auch durch Programme gelöst werden.

Einteilung von Rechnern

Vom Taschenrechner, der in einer problemorientierten Sprache
zu programmieren ist, bis zur Groß-Rechenanlage steht ein
kontinuierliches Angebot mit fließenden Grenzen zur Verfügung. Die folgende Übersicht soll vor allem Größenordnungen
zeigen. Die steigenden Kosten sind wesentlich durch die

Peripheriegeräte und die software bedingt. Der monatliche
Mietpreis beträgt etwa 1/40 des Kaufpreises.

	Kapazität des Arbeitsspeichers in KB	Rechengeschw. in Befehlen/s	Kaufpreis in DM
Taschenrechner	1	50	500
Tischrechner (Mikrocomp.)	100	5000	5000
Rechenanlagen	in MB	in Mips	in 10^6 DM
Klein (Minicomputer)	1	0.1	0.5
Mittel (Intermediate)	10	1	2
Groß (Mainframe comp.)	50	2	5

Die Einheit Mips bedeutet Mega instructions per second.

2.1 HARDWARE

Bild 1 zeigt die prinzipielle Struktur der hardware. Dieses
Bild gilt insbesondere für Tischrechner und Kleinanlagen.

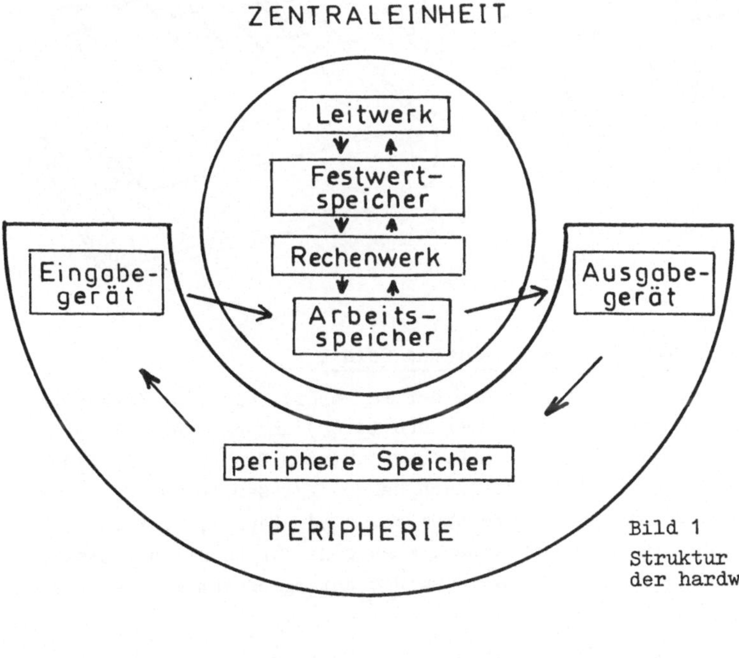

Bild 1
Struktur
der hardware

Die Pfeile deuten vereinfacht den Informationsfluß im Rechner an. Man beachte den geschlossenen Informationskreislauf: Eingabegerät - Zentraleinheit - Ausgabegerät - peripherer Speicher - Eingabegerät.

Bild 2 zeigt eine typische Gerätekonfiguration für einen Tischrechner.

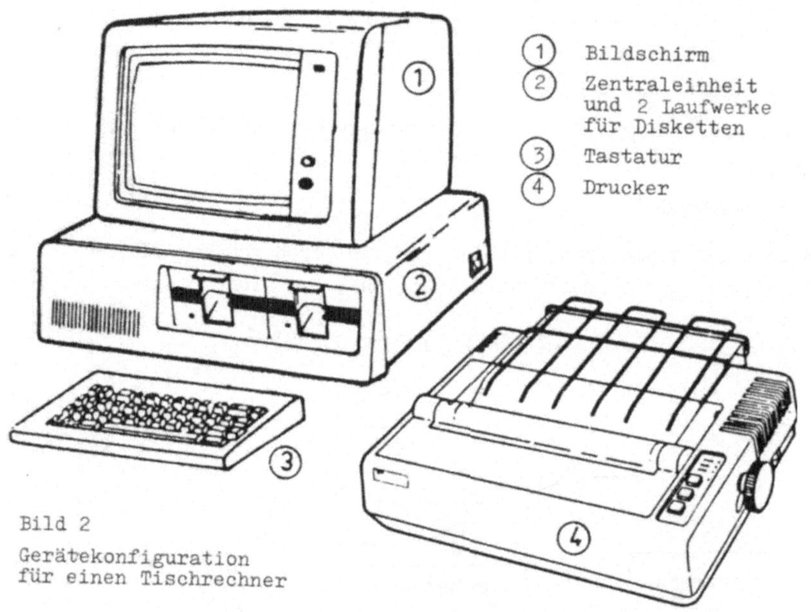

Bild 2
Gerätekonfiguration
für einen Tischrechner

2.1.1 Periphere Speicher und Geräte

Die wesentlichen Aufgaben der Peripherie sind das Speichern der Information (Programme und Daten) und das Herstellen der Verbindung zwischen dem Rechner und dem Benutzer, die Ein- und Ausgabe (E/A). Technisch hängen E/A Geräte und Speicher eng zusammen. Periphere Speicher sind: Papier, Disketten, Kassetten. In diesen Speichern kann eine für praktische Zwecke beliebig große Informationsmenge untergebracht werden. Die

Kosten betragen nur etwa 10% der Kosten des Arbeitsspeichers.
Die Peripheriegeräte von Rechenanlagen befinden sich oft
räumlich weit entfernt von der Zentraleinheit und sind mit
ihr durch Datenfernverarbeitung verbunden. Eine Außenstation,
die nur Peripheriegeräte enthält, heißt Datenstation (terminal).

Tastatur. Bildschirm. Drucker

sind die häufigsten Peripheriegeräte. Jedes über die Tastatur
eingegebene Zeichen erscheint sofort auf dem Bildschirm (Ausgabe). Dort werden auch die vom Rechner gelieferten Ergebnisse
ausgegeben. Mittels einer Steuertaste kann diese E/A auf den
Drucker übertragen werden. Eine Druckerausgabe kann auch durch
entsprechende BASIC-Anweisungen erreicht werden.

Die Tastatur enthält außer den normalen Schreibmaschinenzei-
chen Tasten für die häufigsten Kommandos der Steuersprache
(s.S. 26) und frei definierbare Tasten, in denen z.B. BASIC-
Anweisungen gespeichert werden können. Ferner gibt es Tasten,
mit denen eine Lichtmarke (cursor) auf dem Bildschirm an eine
beliebige Stelle gesteuert werden kann. Das dort stehende Zeichen kann dann durch Überschreiben korrigiert werden.

Jede eingegebene Zeile muß mit einem Steuerzeichen, dem
EOL-Zeichen (end of line) abgeschlossen werden. Erst da-
durch gelangt die Zeile zur weiteren Verarbeitung in den
Rechner. Die entspr. Taste ist beim IBM PC mit ↵ bezeich-
net, bei anderen Rechnern mit ENTER, RETURN oder STORE.
In diesem Buch wird sie als die ENTER-Taste bezeichnet.

Auf dem Bildschirm (screen) können etwa 25 Zeilen zu je 80
Schriftzeichen angezeigt werden. Im Gerät befindet sich oft ein
Pufferspeicher, so daß durch Verschieben des Bildes etwa 200
Zeilen sichtbar gemacht werden können (beim IBM PC nicht möglich). Der Schirm wird von einem Elektronenstrahl zeilenweise
abgetastet. Für eine graphische Ausgabe werden meist Farbbild-
schirme benutzt. Außerdem erlauben sie die Ansteuerung jedes
einzelnen Bildpunktes (pixel), aus denen sich die Schriftzeichen zusammensetzen (s. Skizze S. 18).

<u>Drucker</u> gibt es in den verschiedensten Bauarten. Bei Tischrechnern werden meist Matrixdrucker verwendet. Sie erreichen Ausgabegeschwindigkeiten von 1 Zeile/s. Wie aus der nebenstehenden Skizze ersichtlich ist, entsteht jedes Zeichen durch Punkte einer 5 mal 7 Matrix. Bei mechanisch arbeitenden Geräten werden Stifte gegen ein Farbband gedrückt, bei Thermodruckern werden die Punkte in ein Spezialpapier gebrannt. Bei Rechenanlagen erreichen mechanische Drucker Geschwindigkeiten von 10 Zeilen/s; optisch oder elektrostatisch arbeitende Geräte drucken mehrere Seiten pro Sekunde.

Magnetische Speicher und Geräte

Zunächst werden einige Grundbegriffe der Speichertechnik erläutert.

> <u>Definition:</u> Die <u>Zugriffszeit</u> zu einem Speicher ist die zur Ausführung des Befehls "Bringe eine Information vom Speicher in das Rechenwerk" benötigte Zeit. Bei einem Speicher mit <u>direktem Zugriff</u> (random access memory, RAM) ist die Zugriffszeit unabhängig von der physischen Lage der Information im Speicher. Bei einem <u>sequentiellen Speicher</u> (sequential storage) ist dies nicht der Fall. Im Prinzip muß der gesamte Speicher von vorn gelesen werden, bis die gesuchte Information gefunden ist. - Die <u>Speicherkapazität</u> ist das Fassungsvermögen des Speichers und wird in KB oder MB angegeben (s.S. 13).

Bei Tischrechnern wird nur der Arbeitsspeicher als RAM bezeichnet. Der Festwertspeicher wird als ROM (read only memory) bezeichnet, obwohl er ebenfalls direkten Zugriff hat. Bei Rechenanlagen wird meist auch die Magnetplatte zu den Speichern mit direktem Zugriff gezählt, weil hier die Unterschiede der Zugriffszeiten zu den verschiedenen Stellen der Platte klein sind. Die mittlere Zugriffszeit liegt bei 0.01 s. Der typische sequentielle Speicher ist das Magnetband (Kassette), durch das

Umspulen entsteht eine mittlere Zugriffszeit von einigen Sekunden. Der Vorteil dieses Speichers liegt im geringeren Preis.

Die _Magnetplatte_ ist bei Tischrechnern meist in Form von ein oder zwei Laufwerken für auswechselbare _Disketten_ (floppy disks) vorhanden. Disketten haben meist einen Durchmesser von 5 1/4 Zoll und eine Kapazität von einigen hundert KB. Beim IBM PC kann jede Diskette zweiseitig beschrieben werden. Vor der ersten Benutzung muß sie durch ein Programm des Betriebssystem "formatisiert" werden. Dadurch werden zum ersten Mal durch den Schreibkopf konzentrische Kreise, die Spuren (tracks) erzeugt (s. Bild 3). Die Spuren werden in Sektoren unterteilt. Der Inhalt eines Sektors (512 bytes) ist die kleinste Informationsmenge, die übertragen werden kann.

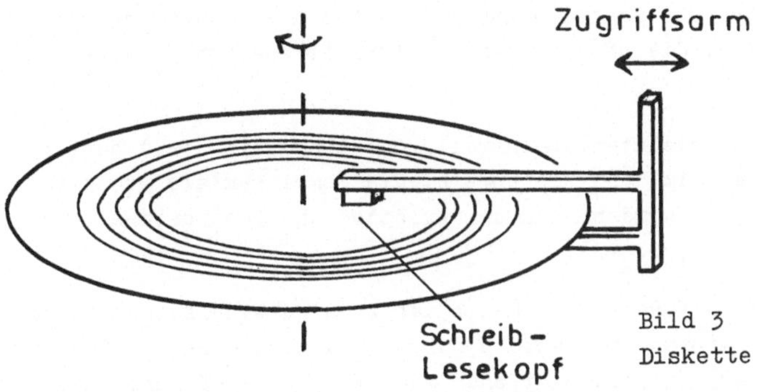

Bild 3
Diskette

An Tischrechner können auch nicht auswechselbare Festplatten (Winchesterplatten) mit einer Kapazität von 10 MB angeschlossen werden. Rechenanlagen benutzen Stapel von 6 oder 11 Platten mit einer Kapazität von einigen hundert MB.

Das _Magnetband_ (magnetic tape) arbeitet wie ein Tonbandgerät. An Tischrechner können oft normale Kassettenrecorder angeschlossen werden. Die Kapazität einer Kassette beträgt einige hundert KB. Bei Rechenanlagen werden Bänder mit einer Kapazität zwischen 20 und 100 MB benutzt. Die kleinste übertragbare Informationsmenge ist der Inhalt eines Blocks. Die Länge der Blöcke kann durch den Programmierer festgelegt werden.

Weitere Peripheriegeräte

An jeden Rechner können noch zahlreiche andere Geräte angeschlossen werden wie z.B.: Meßgeräte mit digitalem Ausgang,
Kurvenzeichner, digitale Steuerungen. Außerdem können Rechner
untereinander verbunden oder an öffentliche Datennetze (z.B.
BTX) angeschlossen werden. Bei derartigen Verbindungen müssen
an der Schnittstelle (interface) zwischen Rechner und Peri-
pheriegerät zahlreiche technische Größen aufeinander abge-
stimmt werden. Dazu dienen sog. Adapter, die vom einfachen
Umpolen bis zur Umcodierung und Zwischenspeicherung vielfäl-
tige Aufgaben erledigen.

2.1.2 Zentraleinheit

Die Aufgabe der Zentraleinheit (ZE) ist die Umwandlung der
Information, die oft als Verarbeitung im engeren Sinne bezeichnet wird.

> Die Zentraleinheit (central processing unit, CPU) besteht
> aus dem Leit- und Rechenwerk, die gemeinsam als processor
> bezeichnet werden, und dem Arbeits- und Festwertspeicher
> (s. Bild 1, S. 15).

Die elektronischen Bauelemente der ZE sind Widerstände, Dioden
und Transistoren. Sie werden durch Oxydations- und Diffusions-
prozesse auf Siliziumplättchen von etwa 50 mm^2 Fläche, den
sog. chips erzeugt und gleichzeitig zu komplexen Schaltungen
(integrated circuits, IC's) verbunden. Aus etwa je 5 Bauele-
menten entsteht eine logische Grundschaltung, ein NOT-, NAND-
oder NOR-Gatter. Daraus werden höhere Funktionseinheiten wie
Flip-Flop Schaltungen zum Speichern eines bits, Schieberegis-
ter zum Stellenverschieben oder Halbaddierer zum Addieren ein-
zelner Ziffern zusammengesetzt.

Man unterscheidet zwischen Speicherchips mit einer Kapazität
von 8 bis 64 KB/chip und logischen chips mit etwa 10^5 Grund-
schaltungen. Ein logischer chip wird auch als Mikroprozessor
bezeichnet, insbesondere, wenn er Leit- und Rechenwerk ent-

hält. Der Begriff Mikroprozessor wird aber auch verwendet,
wenn der chip andere Aufgaben erfüllt, z.B. die Steuerung von
E/A Geräten. Auch innerhalb eines E/A Gerätes, insbesondere
von Rechenanlagen, befindet sich oft ein Mikroprozessor. Von
der Elektronikindustrie werden chips mit den verschiedensten
Eigenschaften angeboten. Der Hersteller eines Rechners kon-
struiert aus diesen "Grundbausteinen" sein Rechnermodell. Ein
Taschenrechner enthält 1 oder 2 chips, ein Tischrechner etwa
10 und eine Rechenanlage etwa 100.

Das Leitwerk (Steuerwerk, control unit) steuert die Reihenfolge
der Befehle, mit denen ein Programm ausgeführt wird und zerlegt jeden Befehl in einzelne Zyklen. Ferner verarbeitet es
die von den E/A Geräten kommenden Unterbrechungssignale (interrupts). Ein wesentliches Problem für das optimale Funktionieren
eines Rechners ist die Überbrückung der um Größenordnungen
verschiedenen Arbeitsgeschwindigkeit der ZE und der E/A Geräte. Deshalb arbeiten die E/A Geräte weitgehend unabhängig
von der ZE. Jedesmal wenn ein Gerät eine Aufgabe erledigt hat
(z.B. die Übertragung eines Zeichens oder eines Sektors beendet ist), gibt es ein Signal an die ZE, die daraufhin dem
Gerät die nächste Aufgabe zuweist. Zwischen den interrupts
erledigt die ZE ihre "eigentlichen Aufgaben", z.B. die Durchführung einer Rechnung. Es besteht eine enge Koppelung zwischen
den Aufgaben des Leitwerks und denen des Betriebssystems.

Das Rechenwerk (arithmetic unit) besteht im einfachsten Fall
aus einem Addierwerk für ganze Zahlen. Alle anderen Rechen-
operationen mit ganzen Zahlen können auf Addieren und Stellenverschieben zurückgeführt werden. Das Rechnen mit gebrochenen
Zahlen wird in diesem Falle von der software realisiert. Oft
sind mehrere Rechenwerke für die Verarbeitung von ganzen, gebrochenen Zahlen und Zeichen vorhanden.

Der Festwertspeicher (read only memory, ROM) kann nur gelesen
werden. Die in ihm gespeicherte Information bleibt auch nach
dem Abschalten des Rechners erhalten. Er enthält Teile des
Betriebssystems.

Der <u>Arbeitsspeicher</u> (working storage, RAM) enthält die Teile des Betriebssystems, die sich nicht im ROM befinden und nach dem Einschalten des Rechners von peripheren Speichern eingelesen werden müssen. Ferner muß noch Platz für die Daten und Programme des Benutzers vorhanden sein. Das Betriebssystem sollte deshalb nicht mehr als 20 % der Gesamtkapazität in Anspruch nehmen. Kapazitätswerte findet man auf S. 15, die Zugriffszeit liegt bei 10^{-8} s. Die im Arbeitsspeicher enthaltene Information geht beim Abschalten des Rechners verloren.

Die kleinste vom Benutzer ansprechbare Speichereinheit heißt ein <u>Speicherelement</u> (Speicherzelle). Bei Tischrechnern enthält ein Speicherelement ein byte, bei Rechenanlagen 2 bis 8 bytes. Die Speicherelemente werden numeriert. Diese Ordnungszahlen heißen die <u>Adressen</u> der Elemente. Der Begriff "Adresse" spielt auch beim Programmieren eine wichtige Rolle, siehe auch Abschn. 2.2.3.

2.2 SOFTWARE

Die software wird in <u>System- und Anwendungssoftware</u> gegliedert. Die Systemsoftware ist im wesentlichen mit dem im folgenden geschilderten Betriebssystem identisch. Sie wird vom Hersteller des Rechners geliefert. Die Art der Anwendungssoftware hängt sehr vom Verwendungszweck des Rechners ab. Sie dient zur Lösung der Aufgaben, für die der Rechner angeschafft wurde. Sie wird vom Hersteller des Rechners, von Spezialfirmen oder in einfachen Fällen auch vom Käufer hergestellt. Der Anteil der software an den Gesamtkosten des Rechners liegt bei 80 %. Deshalb sollte man sich über die in einem Preisangebot enthaltene software genau so eingehend informieren wie über die hardware. Ferner sind heute die Qualitätsunterschiede verschiedener software größer als bei der hardware, bei der sich ein ziemlich einheitlicher Standard eingepegelt hat.

2.2.1 <u>Betriebssystem</u>

Dieses Programmpaket löst zahlreiche Aufgaben beim Betrieb des
Rechners; z.B. beim Start des Rechners, bei der Übersetzung
von Programmiersprachen oder beim Editieren und Verwalten von
Dateien. Bei Rechenanlagen übernimmt es auch die Zuteilung
von Speicherplatz und Rechenzeit an die verschiedenen Benutzer.
Es ist im ROM und/oder peripheren Speichern untergebracht. Es
gibt mehrere konkurrierende Systeme, die sich in ihrem logischen Aufbau unterscheiden. Der IBM PC benutzt das von der Fa.
Microsoft entwickelte DOS (disk operating system).

```
                   ┌─────────────────────┐
                   │ ANWENDUNGSSOFTWARE  │
                   └─────────────────────┘
┌───────────────────────────────────────────────────────────┐
│  BETRIEBSSYSTEM              optionale Erweiterungen        │
│    Dienstprogramme             graphische Systeme          │
│    Übersetzer                  Textverarbeitung            │
│    Zugriffssteuerung           Datenfernverarbeitung       │
│    Systemsteuerung             Datenbanksysteme            │
└───────────────────────────────────────────────────────────┘
                   ┌─────────────────────┐
                   │  H A R D W A R E    │
                   └─────────────────────┘
```

Bild 4   Aufbau des Betriebssystems

Die <u>Systemsteuerung</u> bildet den Kern des Systems und den Übergang zur hardware. Die gleiche Aufgabe kann bei einem Rechner
durch die Systemsteuerung, bei einem anderen durch das Leitwerk erledigt werden. Die Programme sind im ROM gespeichert.
Sie bewirken, daß nach dem Start des Rechners Teile der in den
peripheren Speichern untergebrachten Systemkomponenten in den
Arbeitsspeicher geholt werden, sie steuern den Ablauf aller
Programme und führen Fehlerkontrollen durch.

Die <u>Zugriffssteuerung</u> regelt den Datentransfer von und zu den
peripheren Speichern. Dazu gehört die Überbrückung der sehr
unterschiedlichen Arbeitsgeschwindigkeit der E/A Geräte und
der ZE (s.S. 21). Bei Rechenanlagen müssen Warteschlangen
der verschiedenen Benutzer vor einem Gerät (z.B. einem Drucker)
betreut werden.

Die <u>Übersetzer</u> übertragen die in einer problemorientierten
Sprache geschriebenen Programme in die Maschinensprache des
Rechners (s. Abschn. 2.2.3). Für welche Sprachen bei einem
bestimmten Rechner Übersetzer vorhanden sind, ist für den Benutzer eines der wichtigsten Kriterien zur Beurteilung der
software. Nach ihrer Arbeitsweise unterscheidet man bei den
Übersetzern zwischen

        assembler   für maschinenorientierte Sprachen
        compiler
                     für problemorientierte Sprachen
        interpreter

Beim assembler und compiler wird das gesamte Programm vor der
Ausführung in die Maschinensprache übersetzt und als Binärmuster gespeichert. Der Vorteil dieses Verfahrens besteht darin, daß ein fehlerfreies Programm nur einmal zu übersetzt
werden braucht und dann beliebig oft in der Maschinensprache
ausgeführt werden kann. Nachteilig ist, daß bei einer Änderung
(die insbesondere während der Testphase des Programms sehr
häufig ist) das gesamte Programm neu übersetzt werden muß.
Bei einem interpreter wird das Programm in der problemorientierten Sprache gespeichert und bei jeder Ausführung wird im
Prinzip jede Anweisung für sich übersetzt und ausgeführt. Dies
erfordert erheblich mehr Speicherplatz und Rechenzeit. Dafür
sind Programmänderungen einfacher durchzuführen. Ferner ist
ein interpreter wesentlich preiswerter als ein compiler.
Wenn interpreter und compiler vorhanden sind, läßt man ein
Programm während der Testphase interpretieren und anschließend
compilieren. BASIC wird meist mit einem interpreter verarbeitet.

Der Begriff "<u>Dienstprogramme</u>" bedeutet ein Sammelsurium der
restlichen Programme des Betriebssystems. Außerdem besteht
keine eindeutige Abgrenzung zu den optionalen Erweiterungen
und der Anwendungssoftware.

Das für den Benutzer wichtigste Dienstprogramm ist der <u>editor</u>.
Dies ist ein Programm zum Aufbau und der Änderung von Dateien.
Ein wichtiger Spezialfall einer Datei ist das BASIC-Programm,
das mit dem editor dem Rechner eingespeichert wird. Man unter-

scheidet bildschirm- und zeilenorientierte editoren. Beim ersten kann der cursor an jede beliebige Stelle des Schirms gesteuert und das dort stehende Zeichen durch Überschreiben geändert werden. Außerdem können Zeichen eingefügt oder gelöscht werden. Beim zeilenorientierten editor muß jede Zeile für sich bearbeitet werden. Manchmal bedeutet dies, daß bei einem Fehler die gesamte Zeile neu geschrieben werden muß. Von den editoren besteht ein fließender Übergang zu Programmen zur Textverarbeitung, die heute bereits für Tischrechner angeboten werden.

Weitere Dienstprogramme besorgen den Datentransfer zwischen peripheren Speichern, z.B. das Kopieren einer Diskette auf eine andere; allgemeine Dateiverwaltung, z.B. das Auflisten der Namen aller auf einer Diskette gespeicherten Dateien. Häufig werden auch folgende Anwendungsprogramme zu den Dienstprogrammen gezählt: Berechnung der elementaren mathematischen Funktionen, Sortieren von Dateien.

Von den optionalen Erweiterungen sei nur auf die für den Ingenieur wichtigen graphischen Systeme hingewiesen. Eine Graphik für bescheidene Ansprüche ist in BASIC enthalten und wird in Abschn. 9 behandelt. Es gibt zahlreiche graphische Systeme, die sich an verschiedene Programmiersprachen anlehnen und für unterschiedliche Aufgaben konzipiert sind. Es gibt z.B. Systeme zum Konstruieren von Maschinenteilen (computer assisted design, CAD), zum Entwerfen und Verdrahten von integrierten Schaltungen und zur Ausgabe von Diagrammen und verschiedenen Schriftarten. Dies wird heute auch schon für Tischrechner angeboten.

2.2.2 Steuersprache

Sämtliche Programme des Betriebssystems können mit nicht genormten Kommandos (commands) aufgerufen, d.h. zur Ausführung gebracht werden. Die Menge dieser Kommandos bildet die Steuersprache (Kommandosprache) des Rechners. Hier werden nur die häufigsten Kommandos erläutert, die im Zusammenhang mit der Ausführung von BASIC-Programmen benutzt werden. Sie haben

weitgehend einheitliche Namen, werden oft als Befehle bezeichnet und als Teil der BASIC-Sprache behandelt, obwohl sie ausdrücklich aus der Norm ausgeschlossen sind. Sie werden in
alphabetischer Reihenfolge aufgeführt und gelten insbesondere
für den hier benutzten IBM PC nach dem Aufruf des BASIC inter-
preters. Die in Klammern gesetzten Teile können entfallen, die
Klammern werden nicht geschrieben.

Kommando	Wirkung
CLS	Bildschirm löschen (auch als BASIC Anw.)
DELETE n_1 [-n_2]	Löschen der Anw. Nr. n_1 bis n_2
KILL "NAME"	Das Programm mit dem Namen NAME wird auf der Diskette gelöscht.
LIST [n_1-n_2]	Listen der Anw.Nr. n_1 bis n_2 auf dem Bildschirm. Mit LLIST wird auf dem Drucker gelistet. Wenn [ ] fehlt, wird das gesamte im Arbeitssp. befindliche Programm gelistet.
LOAD "NAME"	Das Programm NAME wird von der Diskette in den Arbeitsspeicher geladen.
MERGE "NAME"	Binden zweier Programme, s. Abschn. 7.3.
NEW	Der Arbeitsspeicher wird gelöscht.
RENUM	Neunumerierung der Anweisungen in Zehnerschritten.
RUN	Das im Arbeitsspeicher befindliche Programm wird ausgeführt.
SAVE "NAME"	Das im Arbeitsspeicher befindliche Programm wird auf die Diskette gespeichert.
SYSTEM	Der interpreter-modus wird verlassen, man gelangt ins "System". Anschließend können andere Systemkommandos gegeben werden.

Es empfiehlt sich, vor der Eingabe eines neuen Programms mit
NEW den Arbeitsspeicher zu löschen, weil andernfalls Reste
eines noch vorhandenen Programms erhalten bleiben können und
zu Fehlern führen. Vor Ausführung des Kommandos LOAD wird
automatisch gelöscht. Ein häufiger Anfängerfehler ist die
Verwechslung der Wirkungen der Kommandos LOAD und SAVE. Dadurch wird ein manuell eingegebenes Programm zerstört. Ferner wird vor der Ausführung von SAVE nicht geprüft, ob sich
bereits ein Programm dieses Namens auf der Diskette befindet.
Wenn dies der Fall ist, wird es überschrieben.

2.2.3 Programmiersprachen

Maschinensprache

Damit eine Anweisung einer Programmiersprache ausgeführt werden kann, muß sie als Binärmuster vorliegen. Dieses Muster
heißt Maschinenbefehl (instruction). Er ist 2 bis 6 bytes lang
und besteht aus dem Operationsteil, in dem die Art der auszu-
führenden Operation angegeben ist, sowie aus meist zwei Adressen. In diesem Adreßteil stehen die Nummern der Speicherzellen
der Operanden. Bei arithmetischen Operationen wird nach der
Ausführung des Befehls das Ergebnis in der Zelle des 1. Operanden gespeichert. Dadurch wird dieser gelöscht.

Die in einer der folgenden Sprachen geschriebenen Programme
müssen vor ihrer Ausführung durch ein Übersetzungsprogramm
in die Maschinensprache umgeformt werden.

> Definition: Ein in einer maschinenorientierten oder pro-
> blemorientierten Sprache geschriebenes Programm heißt
> Quellprogramm. Das übersetzte Programm heißt Objektpro-
> gramm (Zielprogramm).

Maschinenorientierte Sprache

Hier werden die Befehle der Maschinensprache durch feststehende,
leicht zu merkende Abkürzungen codiert, z.B. A für Addieren,
oder M für Multiplizieren. Vor allem aber wird die Berechnung
der Adressen der Operanden dem Rechner übertragen. Im Programm
werden die Operanden durch symbolische Adressen angegeben. Das
Verständnis dieses Begriffs ist auch für die Anwendung von problemorientierten Sprachen unerläßlich.

> Definition: Eine symbolische Adresse wird durch einen
> Namen bezeichnet. Dieser Name ist im Programm das Symbol
> für eine Speicherzelle. Innerhalb gewisser Regeln sind die
> Namen frei wählbar.

Ein Name besteht im einfachsten Fall aus einem Buchstaben, der
für den Programmierer eine sinnfällige Bedeutung hat, wie z.B.
R für Radius, oder T für Zeit. Der Anfänger neigt dazu, diesen
Namen mit einem Zahlenwert einer Größe zu identifizieren. Er
ist, wie gesagt, die symbolische Adresse einer Speicherzelle,
in der im Laufe eines Programms i. allg. verschiedene Zahlen
stehen.

Im Prinzip ist eine maschinenorientierte Sprache dadurch ge-
kennzeichnet, daß jede Anweisung im Programm einem Maschinenbefehl entspricht. Der assembler führt eine sog. Eins-zu-Eins
Übersetzung durch. Der Arbeitsaufwand beim Programmieren in
einer maschinenorientierten Sprache ist etwa doppelt so groß
wie bei der Benutzung einer problemorientierten Sprache. Dafür
beträgt sowohl der Speicherbedarf als auch die Rechenzeit nur
etwa die Hälfte. Diese Sprache wird häufig in der Meßdatenver-
arbeitung benutzt. Auch der IBM PC ist in einer maschinenorientierten Sprache programmierbar.

<u>Problemorientierte Sprachen</u>
Sie sind im Prinzip unabhängig von den Eigenschaften eines
speziellen Rechners. Ihr Aufbau orientiert sich an einem bestimmten Problemkreis. Diese Sprachen sind für den Benutzer
am leichtesten erlernbar. Es gibt etwa 200 verschiedene Sprachen. Die Eigenschaften der in der Technik am häufigsten ver-
wendeten werden nun kurz beschrieben.

ADA (engl. Mathematikerin) ist eine mächtige Sprache für uni-
verselle Anwendungen. Zur Ausführung ist eine Groß-Rechenanlage erforderlich.

APL (<u>a</u> <u>p</u>rogramming <u>l</u>anguage) eignet sich zur Lösung anspruchs-
voller mathematischer Probleme, auch aus dem Bereich der Wirt-
schaftsmathematik.

APT (<u>a</u>utomatically <u>p</u>rogrammed <u>t</u>ools) dient zur numerischen
Steuerung von Werkzeugmaschinen. Oft wird die Teilsprache
EXAPT benutzt.

BASIC (<u>b</u>eginner's <u>a</u>ll purpose <u>s</u>ymbolic <u>i</u>nstruction <u>c</u>ode) wird
vorwiegend auf Tischrechnern benutzt und ab Abschn. 5 ausführ-
lich beschrieben.

C (Bezeichnung für die 3. Version dieser Sprache) ist insbesondere zur Herstellung von Systemsoftware geeignet.

COBOL (<u>c</u>ommon <u>b</u>usiness <u>o</u>riented <u>l</u>anguage) ist die klassische
Sprache der kaufmännischen Datenverarbeitung.

FORTRAN (formula translation) ist die klassische Sprache für
technische Anwendungen der Datenverarbeitung.

PASCAL (franz. Mathematiker) ist die bevorzugte Sprache der
deutschen Universitäten. Sie unterstützt die strukturierte
Programmierung.

PEARL (process and experiment automatic realtime language)
wird in der Prozeßdatenverarbeitung eingesetzt. Sie ermöglicht
die sog. Echtzeit-Verarbeitung: das Programm muß in der gleichen Zeit ablaufen wie ein tatsächlicher technischer Prozeß.

Ferner gibt es Sprachen für Dokumentation, Logistik, Schreiben
von Lehrprogrammen und vieler anderer Gebiete.

2.3 BETRIEBSARTEN

Die folgenden Betriebsarten erfordern ein enges Zusammenwir-
ken von hardware und software, das nun nicht mehr im einzelnen beschrieben wird.

Mit einem Tischrechner kann nur ein Programm nach dem anderen
verarbeitet werden. Diese einfachste Betriebsart wird bei
einer Rechenanlage Stapelverarbeitung (batch processing) genannt, weil früher jedes Programm durch einen Lochkartensta-
pel realisiert war.

Bei einer Rechenanlage wird
meist im Teilnehmerbetrieb
(time sharing) gearbeitet. Dabei
benutzen zwischen 5 und 100 Teilnehmer scheinbar gleichzeitig,
in Wirklichkeit abwechselnd die
ZE. Im einfachsten Fall bekommt
jeder Teilnehmer in gleichen
Intervallen die ZE für eine kurze Zeit zur Verfügung gestellt.
Die Operationen, die er zwischen-

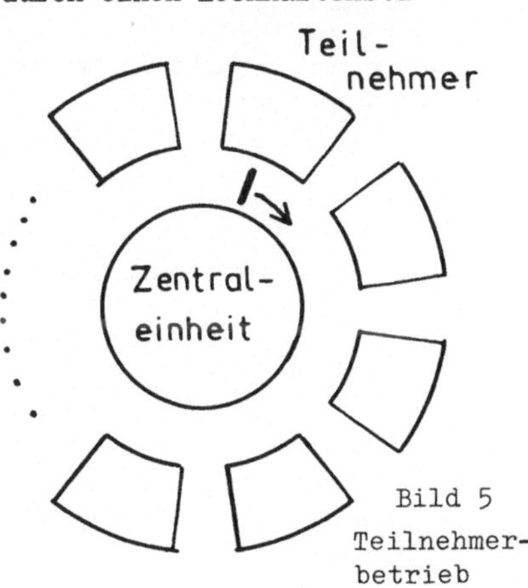

Bild 5
Teilnehmer-
betrieb

zeitlich ausführt, z.B. Eintasten von Zeichen, gelangen zunächst in einen Pufferspeicher und werden erst zur ZE übertragen, wenn er wieder an der Reihe ist. Bei diesem Verfahren müssen bei jedem Teilnehmerwechsel (d.h. mehrfach pro Sekunde) große Informationsmengen zwischen dem Arbeitsspeicher und den peripheren Speichern transportiert werden.

Beim <u>Mehrprogrammbetrieb</u> (multiprogramming) werden ebenfalls scheinbar gleichzeitig, in Wirklichkeit überlappt, mehrere Programme verarbeitet. Im Unterschied zum Teilnehmerbetrieb wird hier eine Prioritätenfolge festgelegt. Nur wenn ein Programm höherer Priorität das Rechenwerk nicht benutzt, weil eine E/A stattfindet, kann ein Programm niederer Priorität rechnen, sonst muß es warten. In Bild 6 hat Programm 1, das zweckmäßigerweise E/A intensiv ist, die höhere Priorität vor dem rechenintensiven Programm 2.

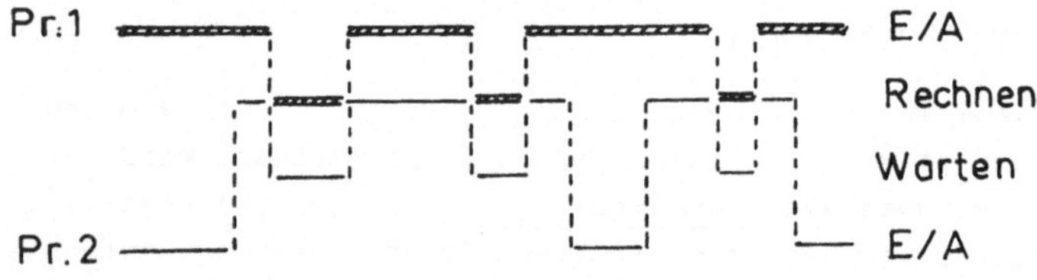

Bild 6   Mehrprogrammbetrieb

2.4 Aufgaben

Alle Fragen sind aus dem Gedächtnis zu beantworten.

1. Worin besteht der Unterschied zwischen einem Digital- und einem Analogrechner ?

2. Warum arbeitet ein Digitalrechner nur mit zwei Zeichen ?

3. Was bedeuten die Abkürzungen RAM und ROM ?

4. Aus welchen Funktionseinheiten besteht die Zentraleinheit ?

5. Aus welchen Teilen besteht das Betriebssystem eines Rechners ?

6. Worin besteht der Unterschied bei der Übersetzung eines Programms durch einen interpreter und einen compiler ?

7 a) Was ist ein editor ?
   b) Worin besteht der Unterschied zwischen einem bildschirm- und einem zeilenorientierten editor ?

8. Nennen Sie Namen von problemorientierten Programmiersprachen, mit denen man technische Probleme lösen kann.

9. Worin besteht der Unterschied zwischen einem Teilnehmer- und einem Mehrprogrammbetrieb ?

10. Erläutern Sie mit einigen Stichworten die folgenden Begriffe
a) chip b) Diskette c) firmware d) processor e) Festwertspeicher f) symbolische Adresse g) KB   h) Speicherzelle
i) Steuersprache

3 ENTWICKLUNG EINES PROGRAMMS

3.1 GESAMTÜBERBLICK

Zunächst wird in einer Problemanalyse der gegenwärtige Zustand ermittelt und dem gewünschten Soll-Zustand gegenübergestellt. Das zu entwickelnde Programmsystem hat den Zweck, den Soll-Zustand zu realisieren. Häufig treten bei dieser Analyse Zielkonflikte auf, d.h. es gibt mehrere wünschenswerte Ziele, die sich aber gegenseitig ausschließen. Näheres s. S. 49. Die Durchführung der Problemanalyse erfordert viel Erfahrung, deshalb wird sie meist in Teamarbeit durchgeführt. Den Abschluß dieser Phase bildet ein Pflichtenheft, in dem die vom Programmsystem zu lösenden Aufgaben exakt definiert werden.

In der dann folgenden Planungsphase werden diese Aufgaben in abgegrenzte und voneinander möglichst unabhängige Teilaufgaben (Module) zerlegt, deren Lösung ggf. verschiedenen Bearbeitern übertragen wird. Nun erst beginnt die Herstellung im engeren Sinne, die im folgenden ausführlicher beschrieben wird. Abschließend sind die Module und dann das gesamte System zu testen und zu dokumentieren.

Mit einem fehlerfreien Schlußtest betrachtet der Programmierer seine Arbeit als beendet. Nun tritt aber das Programmsystem erst in das "eigentliche Leben". Es wird im Betrieb eingesetzt. Dazu muß ein größerer Kreis von Benutzern mit seiner Handhabung vertraut gemacht werden. Oft sind dazu organisatorische Umstellungen erforderlich. Schließlich muß jedes Programm gewartet werden. Es müssen Änderungen durchgeführt und ggf. immer noch vorhandene Fehler beseitigt werden.

Der Anfänger neigt dazu, den Hauptanteil der Arbeit und damit der Kosten eines Programmsystems in der Herstellung im engeren Sinne zu sehen. Dies trifft nicht zu, sondern die Gesamtkosten eines Programmsystems verteilen sich etwa gleichmäßig auf die folgenden 5 Anteile: Hardware, Problemanalyse und Planung, Herstellung, Test und Dokumentation, Wartung.

3.2 ARBEITSSCHRITTE BEI DER HERSTELLUNG

In dieser Einführung in das Programmieren kann nicht die Herstellung von Programmsystem behandelt werden. Die folgende Beschreibung und auch die weiteren Beispiele im Buch beinhalten also nur die Bearbeitung eines einzelnen Moduls im Sinne des Abschn. 3.1.

Die Herstellung kann grob in zwei Phasen gegliedert werden: den _Entwurf_ und die anschließende _Implementierung_ (Realisierung) des Programms. Im folgenden wird eine genauere Gliederung gegeben, die als Prüfliste bei einer tatsächlichen Herstellung dienen kann. Dabei entsprechen die Ziffern 1 bis 5 dem Entwurf und die Ziffern 6 bis 9 der Implementierung. Die verschiedenen Schritte werden zunächst nur stichwortartig aufgeführt und anschließend genauer erläutert. In Beisp. 8, S. 59 wird die Anwendung auf ein Programm gezeigt.

1. Übersetzen des technischen Problems in mathematische Form. Sollen z.B. in einem Gleichstromnetz bei gegebenen Widerständen und Spannungen die Zweigströme berechnet werden, so ist ein lineares Gleichungssystem aufzustellen.

2. Auswahl eines geeigneten numerischen Lösungsverfahrens. Für das vorstehende Gleichungssystem z.B. Gauß-Algorithmus oder Austauschverfahren.

3. Rechnen von Testbeispielen mit einem Taschenrechner. Dabei nicht nur sehr einfache Daten wählen, weil dann oft Fehler im Programm nicht erkannt werden. Ferner ist hier bereits an Sonderfälle zu denken, z.B. Koeffizientenmatrix gleich Null beim vorstehenden Gleichungssystems.

4. Analyse der Ein- und Ausgabedaten.

5. Programmablaufplan herstellen.

6. Schreiben des Programms in einer Programmiersprache. Dies wird manchmal Codieren genannt.

7. Testen des Programms mit den Zahlenwerten von Ziff. 3.

8. Benutzeranleitung schreiben.

9. Programmdokumentation zusammenstellen.

Zunächst sei die für alles weitere ausschlaggebende Bedeutung
der Ziffern 1 und 2 betont. Sie werden im folgenden stets als
richtig gelöst vorausgesetzt. Es ist nicht möglich, im Rahmen
dieser Einführung Mathematik zu üben. Die in den folgenden Beispielen gezeigten numerischen Verfahren werden bei zahlreichen
technischen Problemen benötigt. Ferner kann in diesem Buch nicht
auf die wichtigen Fragen der numerischen Konvergenz von Nähe-
rungsverfahren und der Fehlerfortpflanzung eingegangen werden.
Genaueres hierzu findet man z.B. in [4].

Auch die Ziffer 3 wird hier nicht behandelt.

Die Ziffer 4 bildet für den Anfänger den schwierigsten Teil
des Programmierens und wird deshalb erst in den Abschn. 5.6
und 8   ausführlicher behandelt. In der Praxis ist es aber
unbedingt zu empfehlen, die Fragen der Datenorganisation vollständig _vor_ dem Schreiben des Programms zu klären. Es treten
folgende Fragen auf: Werden die Eingabedaten während der Verarbeitung des Programms über die Tastatur eingegeben, oder
besser vorher in einer Datei gespeichert ? In welcher Form
erfolgt die Ausgabe: wieviele Zahlen sollen in einer Zeile
gedruckt werden, wieviele Ziffern einer Zahl nach dem Dezimalpunkt werden ausgegeben ? In der kaufmännischen DV wird hierfür oft ein eigener _Datenflußplan_ hergestellt, in dem der Transport und die Speicherung der Daten in den peripheren Speichern
mit genormten Symbolen entsprechend dem Programmablaufplan
dargestellt wird.

Die Ziffern 5 und 6 bilden das Programmieren im engeren Sinne
und werden in den folgenden Abschnitten ausführlich behandelt.

Ziffer 7 wird in den Abschn. 4.2 und 10 behandelt. Bereits
in Abschn. 3.1 wurde erwähnt, daß das Testen eines Programms
etwa die gleiche Zeit beansprucht wie die eigentliche Herstellung.

Zu Ziff. 8.   Der Benutzer erwartet, daß er das Programm ausführen kann, ohne es zu kennen. Er muß dazu über den Zweck
des Programms, die genaue Form der Dateneingabe (ev. mit Bildschirmmaske, s. Beisp. 18, S. 93) und -ausgabe (Bildschirm,
Drucker, Plotter) informiert werden. Diese Angaben werden

meist über den Bildschirm ausgegeben, wenn sie nicht zu umfangreich sind.

Die <u>Dokumentation</u> in Ziff. 9 wendet sich an den Programmierer, der zu einem späteren Zeitpunkt das Programm ändern oder Fehler finden soll. Eine sorgfältige Dokumentation trägt entscheidend dazu bei, die Wartungskosten zu senken. In DIN 66230, Programmdokumentation, wird folgende Gliederung vorgeschlagen: 1. Funktion und Aufbau des Programms (Problemstellung und -lösung, Programmablaufplan, ev. Datenflußplan mit Beschreibung der Dateien, Datensicherung und -schutz). 2. Programmkenndaten (Autor, sonstige Zuständigkeiten, Geräte- und Speicherbedarf). 3. Betriebsdaten (Fehlerbehandlung und durchgeführte Tests). 4. Ergänzungen (Urheber-, Miet- und Nutzungsrechte).

3.3 AUSFÜHRUNG

Bei Anwendung einer Dialogsprache wie z.B. BASIC wird das Programm über eine Tastatur eingegeben. Diese steuert einen Bildschirm oder eine Fernschreibmaschine (s.S. 17). Bei Benutzung eines Tischrechners kann diese Eingabe unmittelbar nach dem Einschalten des Rechners erfolgen. Bei einem terminal muß man sich zunächst bei der Rechenanlage "anmelden". Dies geschieht durch Eingabe eines Steuerbefehls und eines Schlüsselworts,durch das man sich als zugelassener Benutzer ausweist. Nun erhält der Benutzer Speicherplatz zugeteilt und die verbrauchte Rechenzeit wird gemessen. Am Schluß der Bearbeitung hat man sich abzumelden. Siehe auch Abschn. 2.3.

Beim Eintasten einer Zeile kann noch leicht jedes Zeichen korrigiert werden. Man gewöhne sich an, jede Zeile sorgfältig zu prüfen, ehe sie mit der ENTER-Taste in den Rechner übertragen wird. Bei manchen Rechnern erfolgt bereits jetzt eine erste Prüfung auf formale Fehler.

Nachdem die Eingabe des Programms beendet ist, speichert man
es sicherheitshalber auf der Diskette. Dann erfolgt mit dem
Steuerbefehl RUN die Ausführung. Auch jetzt können Fehler ge-
meldet werden. Am schwierigsten wird es, wenn keine Fehlermeldungen mehr erfolgen, aber trotzdem falsche Ergebnisse ausgegeben werden. Näheres hierzu s. Abschn. 4.2.3 und 10.

Die wichtigsten Steuerbefehle findet man auf S. 26.

Ein Programm kann in jedem Zustand der Bearbeitung auf einen
peripheren Speicher übertragen werden.

4 PROGRAMMABLAUFPLAN

> **Definition:** Ein <u>Programmablaufplan</u> (program flow chart)
> ist die graphische Darstellung von Strukturmerkmalen eines
> Programms, die im wesentlichen aus Sinnbildern mit dazuge-
> hörigem Text und orientierten Verbindungslinien besteht.

Ein Programmablaufplan (auch Flußdiagramm, Blockdiagramm, im
folgenden kurz Plan genannt) wird in der Praxis vor allem bei
umfangreichen Problemen hergestellt, weil er anschaulicher
als das eigentliche Programm ist. Auch Fehler können oft im
Plan leichter erkannt werden als im Programm. Ferner kann ein
Plan noch unabhängig von einer bestimmten Programmiersprache
hergestellt werden. Hier werden die Pläne im Hinblick auf
BASIC entwickelt, auch Bezeichnungen innerhalb des Plans entsprechen BASIC-Regeln, die im Abschn. 5 näher erläutert werden.

4.1 SINNBILDER. STRUKTUREN

4.1.1 <u>Sinnbilder</u>

Die in der obigen Definition erwähnten Sinnbilder sind in
DIN 66 001, Sinnbilder für Datenfluß- und Programmablaufpläne,
genormt. Entsprechende Schablonen sind im Handel erhältlich.
Die wichtigsten sind in Bild 7 dargestellt. Neben jedes Sinn-
bild dürfen Erläuterungen geschrieben werden. Der Inhalt der
Sinnbilder ist nicht genormt und richtet sich z.B. danach, ob

der Plan nur einen ersten groben Überblick geben soll, oder
bereits im Hinblick auf eine bestimmte Programmiersprache geschrieben wird. Bei umfangreichen Problemen werden oft mehrere
Pläne verschiedener "Feinheitsstufe" hergestellt. Es ist i.
allg. nicht erforderlich, im Plan jede einzelne Anweisung
des späteren Programms aufzuführen. Dies geschieht bei den
Plänen der folgenden Beispiele nur aus didaktischen Gründen.

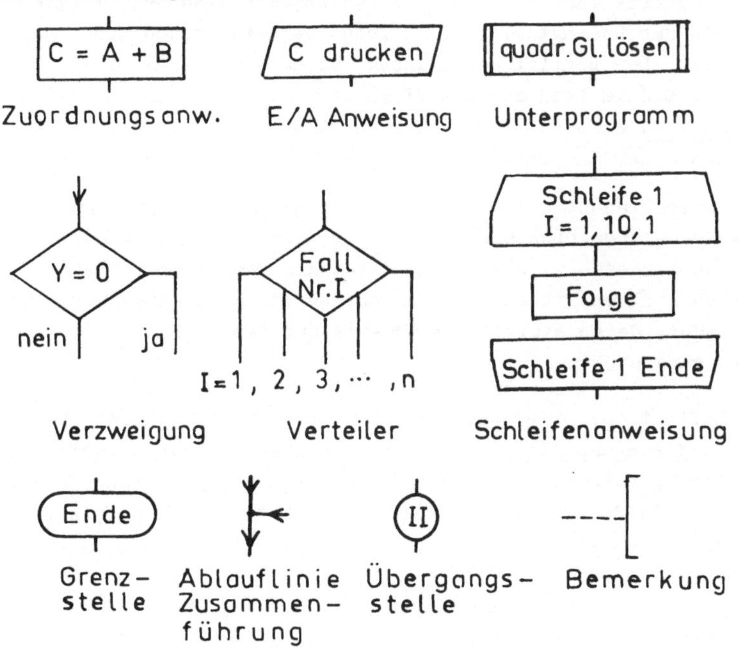

Bild 7   Sinnbilder von Programmablaufplänen

Das Verständnis des Begriffs der <u>Zuordungsanweisung</u> ist von
grundlegender Bedeutung. Hier folgt eine erste Erklärung, die
in Abschn. 5.1 präzisiert wird. Die in einer Zuordnungsanweisung durch <u>Namen</u> bezeichneten Größen heißen in problemorientierten Programmiersprachen <u>Variablen</u>, bezw. <u>Funktionen</u>.
Ein Variablenname besteht in BASIC aus einer innerhalb gewis-

ser Regeln frei wählbaren Zeichenkombination, die Funktions-
namen liegen fest.

> Im Plan und im Programm bedeutet ein Name die <u>symbolische
> Adresse einer Speicherzelle</u>, in der der Zahlenwert der
> betr. Variablen, bezw. der Funktionswert gespeichert ist.

Die Begriffe Variable und Funktion stimmen also beim Programm-
mieren nur bedingt mit der üblichen mathematischen Bedeutung
überein. Der Begriff symbolische Adresse wurde auf S. 27 erklärt. Die im Plan durch Ziffern dargestellten Zahlen heißen
<u>Konstanten</u> und bedeuten die Zahlen selbst (also nicht die echten
Adressen der Speicherzellen).

Die Operationen, die auf der rechten Seite einer Zuordnungs-
anweisung angegeben sind, werden mit den Konstanten und den
Zahlen ausgeführt, die in den durch die Namen bezeichneten
Speicherzellen stehen. Das Ergebnis wird in die Speicherzelle
gebracht, deren symbolische Adresse auf der linken Seite der
Anweisung steht.

> <u>Definition</u>: Die soeben beschriebene Operation heißt <u>Wert-
> zuweisung an eine Variable</u> durch eine Zuordnungsanweisung.
> Als Operationszeichen dient das <u>Gleichheitszeichen</u>. Es hat
> also in Programmiersprachen eine andere Bedeutung als in der
> Mathematik.

<u>Beispiel 1.</u> <u>Zuordnungsanweisungen</u>

Zuordungs- anweisung	Erläuterung
$C = A + B$	Die Inhalte der Speicherzellen mit den symbo- lischen Adressen A und B werden addiert. Das Ergebnis gelangt in die Zelle C.
$X = X + DX$	In Zelle DX steht z.B. der Δx-Wert. Rechte Seite wie eben. Das Ergebnis gelangt in Zelle X, wodurch der frühere Inhalt gelöscht wird. In dieser Zelle steht nach Ausführung der An- weisung der "neue" x-Wert, der z.B. zur Berech- nung eines Funktionswertes gebraucht wird.

I = I + 1	Zum Inhalt des Indexspeichers I wird 1 addiert und bildet den neuen Inhalt. Man sagt kurz: Der Index wurde um 1 erhöht.
Y = SIN(X)	Von der Zelle X wird der Winkel geholt, der sin-Wert gebildet und in Zelle Y gespeichert.
X = SIN(X)	Rechte Seite wie eben. Der sin-Wert gelangt in die Zelle, in der vorher der Winkel stand. Diese Anweisung ist sinnvoll, wenn der Winkel nun nicht mehr gebraucht wird, weil hierdurch eine Zelle gespart wurde. Diese Anweisung bedeutet also nicht etwa die Aufforderung zum Lösen einer transzendenten Bestimmungsgleichung.
5 = 3 + 2	Falsch, weil links keine Konstante stehen darf.
A + B = C	Falsch, weil links nur eine Variable stehen darf.

Auch den Variablen auf der rechten Seite einer Zuordnungsanweisung müssen in früheren Programmteilen Werte zugewiesen worden sein.

> Definition: Die erstmalige Wertzuweisung an eine Variable nennt man das Initialisieren dieser Variablen.

> Die meisten Rechner setzen am Programmbeginn die Werte aller Variabler automatisch gleich Null (nicht genormt).

Alle anderen Anfangswerte müssen selbst gesetzt werden. Dies kann durch eine Eingabe-, Zuordnungs- oder die auf S. 89 behandelte READ-DATA Anweisung geschehen.

Ein- und Ausgabeanweisung. In dieses Sinnbild werden die Namen der Variablen geschrieben, die ein- oder ausgegeben werden sollen. Das gewünschte Gerät darf hinzugefügt werden. Bei der Eingabe gelangen die Zahlen der Reihe nach in die in der Anweisung angegebenen Speicherzellen. Das hierbei auftretende Problem des Datenendes wird am Beginn des Abschn. 4.3 behandelt. Das bei der Ausgabe auftretende Problem der Plazierung der Zahlen an bestimmte Stellen des Bildschirms bzw. Papiers wird in Abschn. 5.6 behandelt. Die Begriffe "ausgeben" und "drucken" werden in gleicher Bedeutung gebraucht. Im einfachsten Fall gelten folgende Regeln:

> Mit jeder Ausgabeanweisung wird eine neue Zeile begonnen.
> Die Werte der in der Ausgabeanweisung stehenden Variablen
> werden zeilenweise geschrieben. Die Ausgabe von Text wird
> dadurch erreicht, daß die betr. Schriftzeichen in Anführ-
> rungsstriche gesetzt werden.

Beispiel 2. Ein-_und_Ausgabe_Anweisungen.

E/A Anweisung	E r l ä u t e r u n g
A, B, C über die Tastatur eingeben.	Wenn diese Anweisung im Programm erreicht wird, wartet der Rechner bis über die Tastatur drei Zahlen, durch Komma getrennt, eingegeben worden sind. Nach der letzten Zahl ist die ENTER-Taste zu drücken. Die eingegebenen Zahlen werden umcodiert und gelangen in die Zellen mit den symbolischen Adressen A, B und C. Dann wird das Programm mit der nächsten Anweisung fortgesetzt.
"X Y" ausgeben	Es werden die Buchstaben X Y und die Zwischen-räume (blanks) ausgegeben.
X; Y ausgeben	Von den Zellen mit den symbolischen Adressen X und Y werden die Werte geholt, umcodiert und in einer Zeile ausgegeben. Wenn die vorstehende und diese Anweisung aufeinander folgen, so werden in der 1. Zeile die Buchstaben X Y und in der folgenden Zeile die entsprechenden Zahlen-werte ausgegeben.
"X = "; X ausgeben	Ist der dezimale Inhalt der Zelle X der Wert 5, so wird X = 5 ausgegeben.

Unterprogramm (UP). Mehrere Anweisungen, die eine Teilaufgabe
des Programms lösen, können zu einem UP zusammengefaßt werden.
In das Sinnbild wird die Aufgabenstellung geschrieben, z.B.
"quadratische Gleichung lösen" oder "Matrix drucken". Die
Unterprogrammtechnik kann in BASIC leider nur sehr unvollkom-
men realisiert werden. Näheres s. Abschn. 7.

Verzweigungen bilden das wichtigste Strukturmerkmal der Pläne.
In BASIC gibt es zwei verschiedene Formen. Meist steht im Sinnbild eine sog. Bedingung, die entweder erfüllt (ja-Ausgang),
oder nicht erfüllt (nein-Ausgang) sein kann. Man sagt: die
Verzweigung hat zwei Ausgänge. Eine Bedingung ist eine der
folgenden Relationen zwischen zwei Ausdrücken

= gleich	> größer als	≥ größer oder gleich
≠ ungleich	< kleiner als	≤ kleiner oder gleich

Mehrere Bedingungen dürfen durch Konjunktion (AND) oder Disjunktion (OR) verknüpft werden.

Beispiel: A = O AND B = O   der ja-Zweig der Verzweigung
          wird erreicht, wenn sowohl A als auch B Null sind.

Eine Verzweigung mit mehr als zwei Ausgängen heißt <u>Verteiler</u> (Fallunterscheidung). In das Sinnbild wird meist nur der Name einer Variablen, z.B. I, geschrieben. Sie bedeutet die Fallnummer. Dieser Variablen muß vor dem Erreichen des Verteilers ein ganzzahliger positiver Wert $1 \leq i \leq n$ zugewiesen worden sein. Die Verzweigung hat n versehiedene Ausgänge. Hat I den Wert i, so wird der Ausgang Nr. i benutzt (s. Beisp. 11, S. 67).

Die <u>Schleifenanweisung</u> wird auf S. 44 näher erläutert.

<u>Grenzstellen</u> sind Anfang und Ende des Programms. Das Sinnbild "Anfang" im Plan wird in BASIC durch Steuerbefehle realisiert. Für das Sinnbild "Ende" gibt es die BASIC-Anweisung END. Es ist ein typischer Anfängerfehler "endlose" Programme zu schreiben. Es müssen im Programm präzise Bedingungen angegeben werden, wann das Sinnbild "Ende" erreicht wird.

<u>Ablauflinie und Zusammenführung</u>. Alle Sinnbilder werden durch Ablauflinien verbunden, die in Zweifelsfällen mit Richtungspfeilen zu versehen sind. Vorzugsrichtungen sind von oben nach unten und von links nach rechts. Bei einer Zusammenführung verschiedener Wege sind Pfeile anzugeben. Sich kreuzende Linien ohne Pfeile bedeuten keine Zusammenführung, sollten nach Möglichkeit aber vermieden werden.

<u>Übergangsstellen</u> werden benutzt, wenn eine Ablauflinie nicht bis zum nächsten Sinnbild oder bis zur Zusammenführung gezeichnet werden kann. Die Ablauflinie endet dann in einer Übergangsstelle, in die ein beliebiges Zeichen geschrieben wird. Die Fortsetzung findet an einer zweiten Übergangsstelle mit dem gleichen Zeichen statt. Ein Übergang darf von mehreren Stellen zur gleichen Stelle erfolgen, aber nicht umgekehrt (das wäre

eine Verzweigung ohne Bedingung).

Bemerkungen dürfen neben jedes Sinnbild geschrieben werden.

4.1.2 Strukturen

Die beschriebenen Sinnbilder werden nun zu Programmstrukturen zusammengesetzt. Ähnlich wie in der Mathematik sind auch hier die Grundbegriffe und Regeln der Strukturen unabhängig von einem speziellen Inhalt. Ein wesentlicher Lösungsschritt bei Programmieraufgaben besteht darin, vom Inhalt der betr. Aufgabe zu abstrahieren und die Programmstruktur zu erkennen. Deshalb werden zunächst die Grundbegriffe der Strukturtheorie unabhängig von bestimmten Beispielen erklärt. Diese folgen anschließend gemeinsam in Abschn. 4.3.

> **Definition:** Enthält ein Programmteil keine Verzweigungen, so heißt er **Folge** (Sequenz). Werden im Anschluß an eine Verzweigung verschiedene Wege durchlaufen, die sich an einer (zeitlich) späteren Stelle des Programms wieder treffen, entsteht eine **Masche** (Alternative). Die einzelnen Wege der Masche heißen **Zweige**. Wird ein Programmteil je nach dem gewählten Ausgang einer Verzweigung nochmals durchlaufen oder verlassen, entsteht eine **Schleife**
> (Iteration).

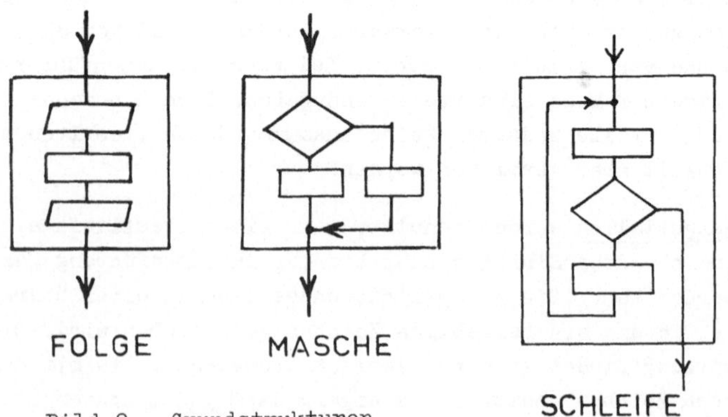

Bild 9   Grundstrukturen

Bei den Schleifen werden verschiedene Spezialfälle unterschieden. Die in Bild 9 gezeigte allgemeine Form hat keinen besonderen Namen und läßt sich in BASIC nur recht umständlich realisieren. Man versuche deshalb, das Programm so zu strukturieren, daß nur eine der beiden Folgen auftritt. Wenn die Verzweigung am Ende der Schleife steht, spricht man von einer nicht abweisenden oder Wiederholungsschleife. Sie wird mindestens einmal durchlaufen. Steht die Verzweigung am Anfang der Schleife, so heißt sie eine abweisende oder Bedingungsschleife. Ferner gibt es noch einen weiteren Spezialfall, der so häufig auftritt, daß es hierfür ein eigenes Symbol im Plan und eine entsprechende BASIC-Anweisung gibt.

> Definition: Eine Schleife, bei der die maximale Anzahl der Durchläufe vor dem ersten Durchlauf bekannt ist, heißt eine Zählschleife (induktive Schleife).

Bei Zählschleifen tritt eine Laufvariable auf. Ihr Anfangswert, Endwert und die Schrittweite müssen vor dem ersten Durchlauf der Schleife bekannt sein. Die in Bild 10 benutzten Namen I, I1, I2 und DI sind frei wählbar. Wenn $I2 > I1$ ist, muß $D > 0$ sein, andernfalls $DI < 0$.

Hieraus kann die Anzahl N der Durchläufe als ganzzahliger Anteil von

$$N = (I2 - I1 + DI)/DI$$

berechnet werden. Die Wirkungsweise der Schleife für $I2 > I1$ ergibt sich aus dem linken Bild 10. Der Vorteil des rechten Symbols liegt darin, daß das Setzen des Anfangswertes, die Endabfrage und die Erhöhung nicht in drei Anweisungen durchgeführt zu werden braucht, sondern in diesem Symbol ent-

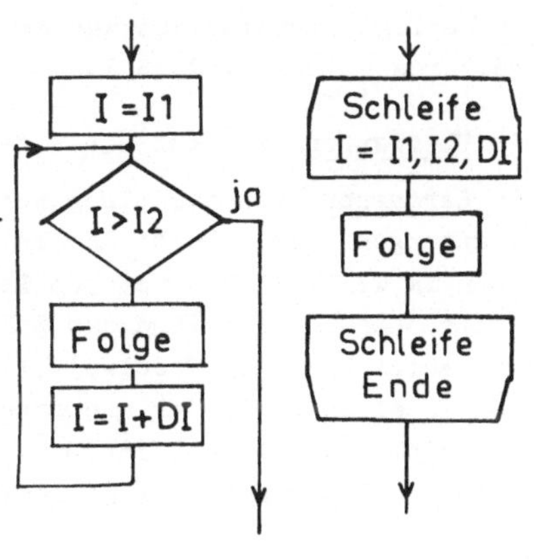

Bild 10   Zählschleife

halten sind. Beispiele:

| Im Plan steht | I = 1, 7, 2 | I = 2.5, 1.0, -0.5 |
| Die Schleife wird mit | I = 1   3   5   7 | I = 2.5   2.0   1.5   1.0 |

durchlaufen. In beiden Fällen ergibt sich mit der vorstehenden
Formel N = 4.

Wird die Schleife normal verlassen, so hat I anschließend den
Wert I2 + D ! Die Begründung ergibt sich aus dem linken Bild
10. Es ist zulässig, den Wert von I innerhalb der Schleife
durch Zuordnungsanweisungen zu ändern (Vorsicht !).

Häufig treten in einem Programm mehrere Zählschleifen auf.
die wichtigsten Strukturen sind in Bild 11 dargestellt. Die
entsprechenden Regeln lauten:

1. <u>Schachteln</u> mehrerer Schleifen ist erlaubt. Diese Struktur
hat folgende Wirkung: Zunächst wird die <u>innere</u> Schleife abgearbeitet. Dann wird die Laufvariable der äußeren Schleife erhöht und die innere Schleife wird wieder von vorn (d.h. mit
dem Anfangswert ihrer Laufvariablen) durchlaufen. Bei den
meisten Rechnern können mindestens zehn Schleifen geschach-
telt werden. Für den Anfänger besteht das Problem darin, diese häufige Struktur aus der Aufgabenstellung zu erkennen.
Weiteres s. Beisp. 7, S. 58.

2. <u>Überlappen</u> mehrerer Schleifen ist <u>verboten</u>.

3. <u>Herausspringen</u> aus einer Schleife ist <u>erlaubt</u>. Wenn heraus
gesprungen wird, bleibt der letzte Wert von I erhalten und
kann im weiteren Verlauf des Programms benutzt werden. Mit
Hilfe dieser Regel wird das Zählen vom Rechner übernommen.
Man setzt (je nach Problem) I1 = 0 oder I1 = 1, D = 1 und
für I2 einen Wert, der nie erreicht wird. Beim Heraussprin-
gen gibt I die Anzahl der Durchläufe. Dies ist ein gern be-
nutzter "Programmiertrick". Weiteres s. Beisp. 29, S. 107.

4. <u>Hineinspringen</u> in eine Schleife ist <u>verboten</u>.

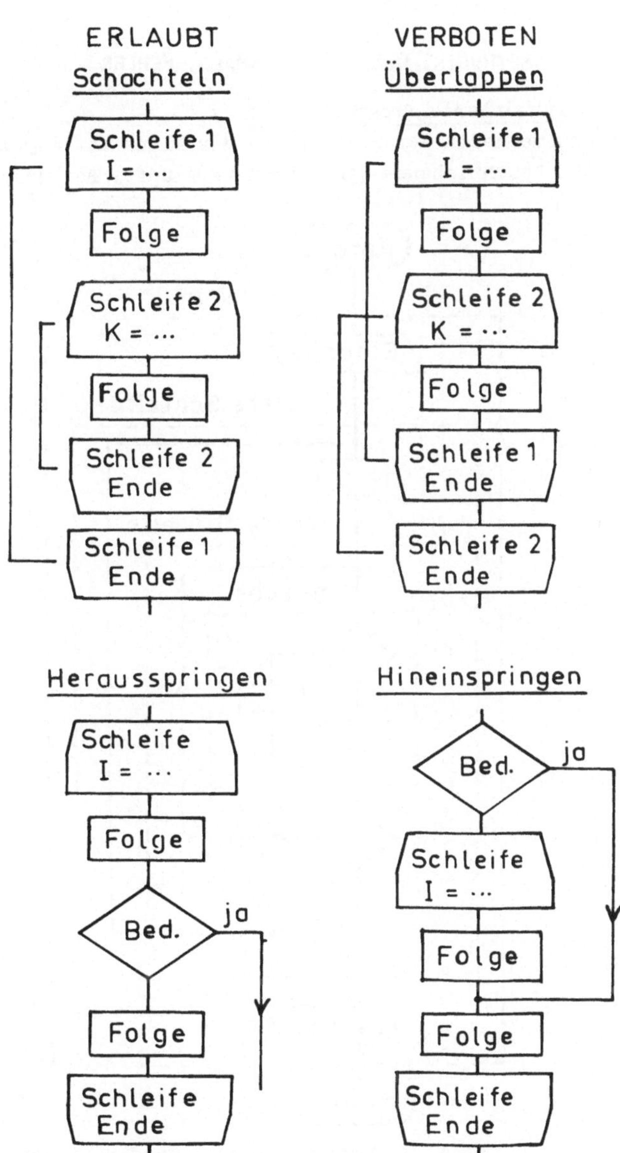

Bild 11   Regeln für Schleifen

4.2 ARBEITSMETHODIK, QUALITÄTSMERKMALE, FEHLER

4.2.1 <u>Strukturierte Programmierung</u>

Die Arbeitsmethodik der Herstellung der Pläne ist eng mit den
vorstehend beschriebenen Strukturen verknüpft. Bei der sich

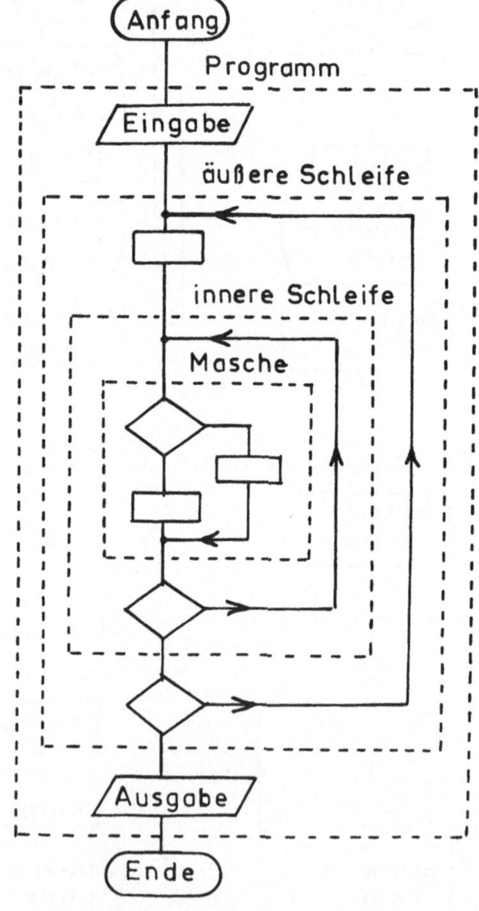

Bild 12   Geschachtelte Grundstrukturen

immer mehr durchsetzenden Methode der strukturierten Programmierung sollen im Plan nur die in Bild 9, S. 42 gezeigten Grundstrukturen auftreten (zumindest nicht wesentlich kompliziertere) [12]. Jede Struktur hat genau einen Eingang und einen Ausgang und kann deshalb als _eine_ Anweisung betrachtet werden, die in diesem Zusammenhang oft _Modul_ genannt wird. Daraus folgt:

> Jedes Anweisungssymbol (außer den Verzweigungen) innerhalb einer Struktur kann durch eine Struktur ersetzt werden.

Der gesamte Plan besteht also nur aus geschachtelten Strukturen wie in Bild 12 und Beisp. 8, S. 59. Das Gegenteil dieses Prinzips bilden Sprünge vom Ausgang einer Verzweigung in entfernte Teile des Programms. Hierdurch kann zwar manchmal das Programm etwas verkürzt werden. Bei späteren Änderungen verursachen diese Sprünge aber erfahrungsgemäß viel Mehrarbeit und Fehler.

Abgesehen von ganz einfachen Fällen können die Anweisungen eines Plans nicht sofort in der Reihenfolge hingeschrieben werden, in der sie endgültig stehen. Bei der Reihenfolge der Bearbeitung gibt es zwei Möglichkeiten. Bei der "top-down Methode" arbeitet man vom Großen ins Kleine. Es werden zunächst nur wenige Moduls gebildet, z.B. Eingabe - Verarbeitung - Ausgabe. Dann wird jeder dieser Moduls weiter verfeinert. Man versucht, möglichst lange ohne Verzweigungen auszukommen. Viele dieser Moduls werden die in Abschn. 7 behandelten Unterprogramme sein. Wesentlich ist, daß diese Moduls unabhängig voneinander bearbeitet und getestet werden können. Diese Methode empfiehlt sich insbesondere bei umfangreichen Problemen.

Bei kleineren Aufgaben (wie z.B. in diesem Buch) kommt man meist mit der umgekehrten "bottom-up Methode" schneller zum Ziel. Man beginnt mit dem mathematisch entscheidenden Schritt, der sog. zentralen Anweisung und überlegt sich, was vorher und hinterher zu tun ist, damit diese Anweisung ausgeführt werden kann.

Diese Methoden sind keine Patentrezepte. Wie bei anderen krea-
tiven Tätigkeiten, ist auch hier oft eine "Idee" entscheidend,
deren Notwendigkeit im Nachhinein nicht zwingend begründet
werden kann. Andererseits gilt auch hier das Sprichwort "Übung
macht den Meister".

4.2.2 Qualitätsmerkmale

Zunächst wird der Anfänger froh sein, wenn er ein Problem
überhaupt gelöst hat und das Programm "läuft". In der Praxis
werden aber an ein Programm eine Reihe von Qualitätsansprü-
chen gestellt.

> Die Qualitätsansprüche schließen sich teilweise gegensei-
> tig aus, und man muß bereits am Beginn der Bearbeitung
> klare Prioritäten setzen.

Nach [19] soll ein gutes Programm folgende Eigenschaften haben:
   korrekt   zuverlässig   benutzerfreundlich
   wartungsfreundlich   übertragungsfreundlich
   sicher   effizient   wirtschaftlich

Korrekt bedeutet, daß stets richtige Ergebnisse geliefert werden. Dies scheint eine triviale Forderung zu sein. In der
Praxis tauchen aber nicht selten, selbst nach langer Benutzung,
bislang unentdeckte Fehler auf. Die Entwicklung von Methoden
zum Beweisen der Korrektheit eines Programmes bildet einen
Forschungsschwerpunkt der Softwaretechnologie. In der Praxis
hilft man sich meist mit den in Abschn. 10 erläuterten Methoden.

Zuverlässig ist ein Programm, wenn auch in Ausnahmefällen
für den Benutzer sinnvolle Reaktionen (z.B. Fehlermeldungen)
erfolgen und der Rechner nicht etwa stoppt oder sinnlose Ergebnisse ausgibt. Beispiele für Ausnahmesituationen sind:
falsche Dateneingabe, oder unzulässige Operationen (Division
durch Null, $\tan(\pi/2)$), die bei bestimmten, zulässigen Eingabedaten entstehen. Es ist natürlich nicht möglich, die Eingabedaten auf jeden möglichen Fehler zu prüfen. Oft helfen
Plausibilitätskontrollen. In jedem Fall sollten die Eingabe-

daten zur Kontrolle für den Benutzer wieder ausgegeben werden.

Benutzerfreundlich ist ein Programm, wenn es im Hinblick auf
die Bequemlichkeit des Benutzers und nicht auf die des Pro-
grammieres geschrieben wurde. Z.B. sollten vor jeder Dateneingabe vorher die dem Benutzer geläufigen Bezeichnungen für
die einzugebenden Größen angezeigt werden. Je benutzerfreund-
licher, umso umfangreicher ist allerdings das Programm.

Wartungsfreundlich bedeutet, daß spätere Änderungen wenig
Aufwand erfordern. Dazu muß das Programm übersichtlich sein.
Die Methode der strukturierten Programmierung, eine sorgfältige
Dokumentation sowie die Einführung von an sich überflüssigen
Zwischengrößen tragen tragen zu dieser Eigenschaft bei.

Übertragungsfreundlich ist ein Programm, wenn es möglichst
ohne Änderung auch auf einem anderen Rechner läuft. Dies ist
der schwächste Punkt der BASIC Sprache (s. Vorwort).

Sicher bedeutet, daß das Programm und die Daten vor unbefugter
Benutzung geschützt sind. Hierfür stehen Dienstprogramme des
Betriebssystems zur Verfügung.

Effizient ist ein Programm, wenn es mit wenig Betriebsmitteln
auskommt. Die wichtigsten Betriebsmittel sind der verbrauchte
Platz im Arbeitsspeicher und die Rechenzeit. Die Minimierung
beider Größen schließt sich oft gegenseitig aus. Bei Rechenan-
lagen ist meist die verbrauchte Rechenzeit zu bezahlen. Bei
Tischrechnern ist oft die Kapazität des Arbeitsspeichers der
Engpass. Hinweise, wie man hier sparen kann, erfolgen in
Abschn. 4.3.

Wirtschaftlich bedeutet, daß der Nutzen des Programms in ver-
tretbarer Relation zu seinen Kosten steht. So wäre es z.B.
unwirtschaftlich, einen Groß-Rechner lediglich zum Lösen einer
quadratischen Gleichung zu bemühen. Die für jedes Programm erforderlichen Verwaltungsprogramme würden für dieses Programm
wesentlich mehr Speicherplatz und Rechenzeit benötigen als
das eigentliche Programm.

4.2.3 Fehler im Programm. Schreibtischtest

Eine Reihe von Fehlern sind unabhängig von einer bestimmten
Programmiersprache und können bereits im Plan erkannt werden.
Die häufigsten sind:

Schreibfehler in Formeln. Formale Verstöße gegen die Regeln
der Programmiersprache werden bei der Eingabe vom Rechner erkannt. Falsche Vorzeichen, falsche Werte von Konstanten (z.B.
Vertauschen zweier Ziffern), ein fehlendes Klammerpaar können
vom Rechner nicht erkannt werden. Die Verwechslung der Ziffer
Null mit dem Buchstaben O führt im allg. zu einer Fehlermeldung, die aber oft schwer zu deuten ist.

Initialisierungsfehler. Es wird vergessen, eine Variable zu
initialisieren, wenn ihr Anfangswert nicht Null ist.

Schleifenfehler. Bei Zählschleifen wird ein Durchgang zu viel
oder zu wenig gezählt, je nachdem ob der Anfangswert des Zähl-
index gleich Null oder Eins gesetzt wurde. Bei Wiederholungs-
Schleifen wird ein falscher oder kein Ausgang gefunden. Ein
falscher Ausgang entsteht z.B. bei der Abfrage $\varepsilon < 10^{-6}$, wenn
ε auch negative Werte annehmen kann. Offensichtlich soll die
Schleife verlassen werden, wenn ε ungefähr Null ist. Sie wird
aber auch bei $\varepsilon = -5$ verlassen. Es wurde vergessen, von ε den
Absolutwert zu bilden (s. Beisp. 10, S. 65). Kein Ausgang wird
gefunden, wenn eine Variable auf Null oder zwei auf Gleichheit
abgefragt werden, diese Bedingungen aber wegen Rundungsfehlern
nie erfüllt werden. Tischrechner müssen dann manuell gestoppt
werden.
Der Schreibtischtest empfiehlt sich zur Kontrolle des Plans.
Hierbei wird der Plan mit einfachen Testwerten Schritt für
Schritt durchgearbeitet. Dabei ist insbesondere auf den richtigen Einlauf von Maschen und den Ausgang von Schleifen zu
achten. Zum Erkennen der Wirkungsweise von Schleifen kann eine
Tabelle angelegt werden, in der für jeden Durchlauf der Schleife Schritt für Schritt die Werte aller Variabler berechnet
werden.

Dieses Verfahren ist anfangs etwas mühsam. Aber man gewinnt
hier schnell Routine und vor allem Verständnis für die Arbeitsweise eines Rechners. Letztlich wird auch Arbeitszeit gespart,
denn es ist einfacher einen Plan zu korrigieren als ein bereits
in den Rechner eingegebenes Programm.

Beispiel 3. S̲c̲h̲r̲e̲i̲b̲t̲i̲s̲c̲h̲t̲e̲s̲t̲ ̲e̲i̲n̲e̲s̲ ̲P̲l̲a̲n̲s̲.
Mit einer Tafel ist zu ermit-
teln, welche Werte von N im
nebenstehenden Plan berechnet
und gedruckt werden.

Mathematisch handelt es sich
um die Berechnung einer sehr
einfachen Funktion von zwei
unabhängigen Variablen I und K.
Für die Reihenfolge, in der
die Werte von N gedruckt werden,
ist entscheidend, daß zunächst
die innere, dann die äußere
Schleife abgearbeitet wird
(s.S. 44). Die Werte der folgenden Tafel werden also zeilenweise erhalten.

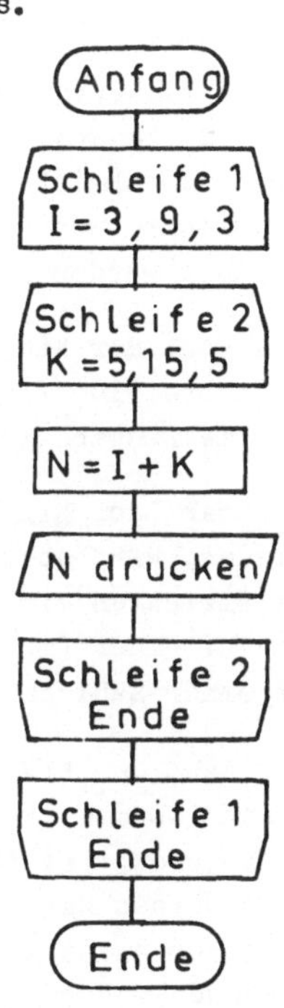

	K	5	10	15
	I			
1. Durchlauf	3	8	13	18
2. Durchlauf	6	11	16	21
3. Durchlauf	9	14	19	24

der inneren
Schleife

Bild 13 Schreibtischtest

Nach der Regel auf S. 40 werden alle N-Werte untereinander
gedruckt. Um die Form der vorstehenden Tafel zu erhalten,
müßten indizierte Variable benutzt werden (s.Abschn. 6.1).

4.3 Beispiele

Für jedes Beispiel wird hier ein Plan entwickelt und in einem
späteren, hier zitierten Beispiel das entsprechende BASIC Programm. Die Reihenfolge der Beispiele ist nach steigendem
Schwierigkeitsgrad geordnet. Zunächst wird ein allgemeines
Problem behandelt.

<u>Datenende</u>

Die Stärke von Programmen besteht darin, daß sie sowohl für
beliebige Werte einer Größe als auch für eine beliebige Anzahl
von Größen geschrieben werden können. Das Problem des Datenendes entsteht, wenn die Anzahl der Eingabedaten beliebig ist.
Im folgenden werden die häufigsten Fälle geschildert.

1. Die Anzahl der Eingabedaten liegt durch das Problem fest.
Beispiel: Drei Koeffizienten einer quadratischen Gleichung.
Lösung: Die Eingabeanweisung enthält die Namen aller Daten.

2. Die Anzahl der Eingabedaten ist bei jedem Programmablauf
verschieden, wird aber als Zahlenwert eingegeben. Beispiele:
n+1 Koeffizienten einer Gleichung n-ten Grades. Zeilen- und
Spaltenzahl einer (m,n)-Matrix. Lösung: Die Eingabedaten werden mit einer Zählschleife gezählt (s. Beisp. 31, S. 108).

3. Die Anzahl der Eingabedaten ist beliebig. Beispiel: Bilden
einer Produktsumme mit einer beliebigen Anzahl von Summanden.
Es gibt Rechner, bei denen das Datenende mit einer Steuertaste
angezeigt werden kann (entsprechend der Zeilenende-Taste).
Dies ist aber nicht genormt und auf dem IBM PC nicht möglich.
Das Datenende muß selbst definiert werden. Diese Definition
ist unbedingt in der Benutzeranleitung anzugeben. Es gibt verschiedene Möglichkeiten: Man definiert entweder eine bestimmte
Ziffern- oder Buchstabenkombination oder bei Zahlen jeden beliebigen Wert außerhalb gegebener Schranken als Datenende. In
allen Fällen muß vor der Verarbeitung jedes eingegebenen Wertes gefragt werden, ob dies das Datenende ist. Das nennt man
die <u>Datenendabfrage</u>.

Strukturell handelt es sich hierbei um eine Schleife in
der allgemeinen Form des Bildes 9, S. 42. Die Dateneingabe
entspricht der Folge vor der Verzweigung, die Verarbeitung
der Folge nach der Verzweigung. Siehe auch Beisp. 6, S. 56.

Beispiel 4. Sortieren von drei Zahlen. (BASIC Beisp. 21, S.99).
In den Speicherzellen mit den symbolischen Adressen A, B und
C stehen drei Zahlen. Sie sind so zu ordnen (sortieren), daß
nach Ablauf des Programms in A die kleinste, in B die mittlere
und in C die größte Zahl steht. Mit diesem Beispiel soll nochmals verdeutlicht werden, daß A, B und C symbolische Adressen
sind, und nicht etwa "die Zahlen selbst". Dies wird nun nicht
mehr jedesmal ausdrücklich betont, sondern die folgende, abge-
kürzte Ausdrucksweise benutzt.

Der Grundgedanke des Plans (Bild 14) besteht darin, zunächst
A mit B, dann A mit C und schließlich B mit C zu vergleichen.
Stehen die Zahlen richtig, wird der nächste Vergleich durchgeführt, andernfalls wird vorher vertauscht. Das Tauschen wird
als Unterprogramm durchgeführt. Zu dessen Verständnis sei
wiederholt, daß der Inhalt einer Zelle automatisch gelöscht
wird, wenn durch eine Anweisung ein neuer Inhalt eingespeichert
wird. Deshalb ist zum Tauschen der Hilfsspeicher H erforderlich.

Im Sinne der strukturierten Programmierung besteht der Plan
aus einer Folge von fünf Moduls: Eingabe, dreimal Tauschen,
Ausgabe. Wenn eine vierte Zahl zum Sortieren hinzukäme, so
brauchte man bereits 6 Vertauschungen. Allgemein bei n Zahlen
$\binom{n}{n-2}$ Vertauschungen. In der hier gezeigten Form ist dann das
Problem nicht mehr lösbar. Da das Sortieren z.B. in der Statistik häufig gebraucht wird, zeigt Beisp. 33, S. 112 ein
allgemeines Sortierprogramm.

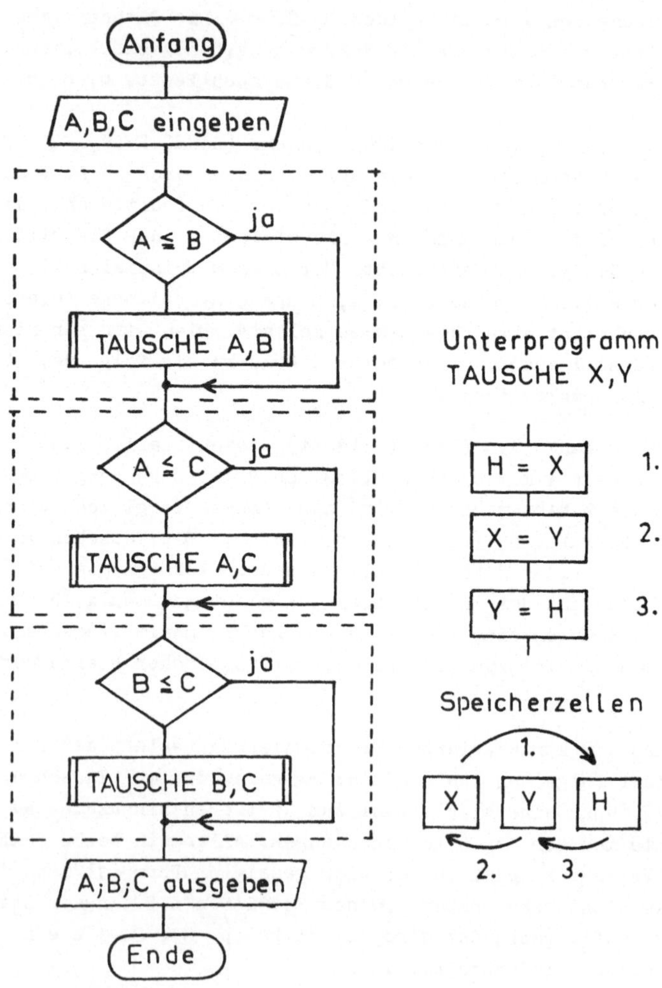

Bild 14   Sortieren von drei Zahlen

Beispiel 5. Funktionstafel. (BASIC Beisp. 22, S. 100).
Es sind für $1.0 \leqq x \leqq 2.0$ mit $\Delta x = 0.1$
die Werte $y_1 = x^2$ und $y_2 = x^3$ zu berechnen und zu drucken.

An diesem Beispiel ist typisch, daß das Berechnen der Funktionswerte, das beim nicht programmierten Rechnen den wesentlichen Teil der Arbeitszeit in Anspruch nimmt, hier auch bei komplizierteren Gleichungen durch wenige Anweisungen erledigt werden kann. Andererseits muß hier auf Dinge geachtet werden, die beim nicht programmierten Rechnen selbstverständlich sind, wie z.B. das Programmende.

Bei der auf S. 47 beschriebenen bottom-up Methode fragt man nach den zentralen Anweisungen und schreibt sie als erste hin. Dies sind hier die Anweisungen zum Berechnen der Funktionswerte. Man beachte, daß der Wert y_2 aus dem von y_1 berechnet werden kann. Derartige Zusammenhänge bestehen oft auch bei komplizierteren Ausdrücken. Nach der Berechnung eines Wertetripels wird dies ausgegeben.

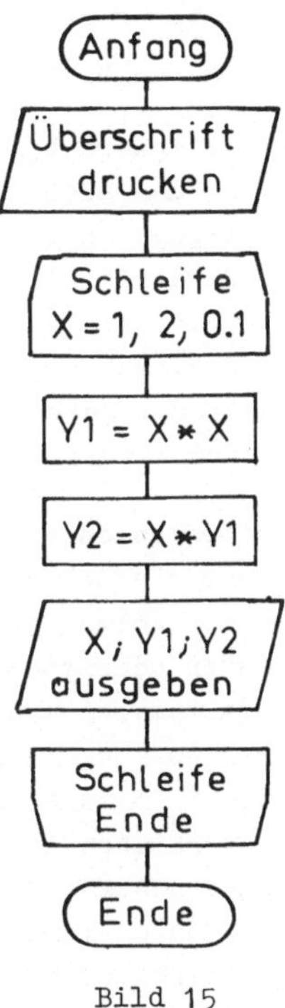

Bild 15
Funktionstafel

Die entscheidende Idee dieses Programms besteht nun darin, nach der Ausgabe des ersten Wertetripels nicht etwa die Anweisungen zum Berechnen der Funktionsgleichung nochmals hinzuschreiben, sondern zu erkennen, daß hier eine induktive Schleife vorliegt, die mittels der Schleifenanweisung programmiert werden kann. Es ist erst dann sinnvoll, mit dem Erlernen der Regeln einer Programmiersprache zu beginnen, wenn diese Programmstruktur bei einem Problem dieses Schwierigkeitsgrades mühelos erkannt wird. Die Beisp. 7, S.58 und 32, S.110 zeigen die Berechnung weiterer Funktionstafeln.

Beispiel 6. <u>Produktsumme</u>. (BASIC Beisp. 23, S. 100).
Eine in der numerischen Mathematik häufige Operation ist das
Bilden einer Produktsumme

$$s = a_1b_1 + a_2b_2 + a_3b_3 + \dots + a_nb_n = \sum_{i=1}^{n} a_i b_i$$

Die Wertepaare b_i, b_i werden eingegeben. Der Anfänger wird erwarten, daß auch die Anzahl n der Summanden vorher bekannt sein
und eingegeben werden muß. Da diese Vereinfachung unrealistisch
ist, wird sie nicht behandelt. Es muß also ein Datenende (s.S.
52) definiert werden. Es soll das Wertepaar 0; 0 sein. Nach
dessen Eingabe soll die Produktsumme sowie die Anzahl der Summanden ausgegeben werden. Die Dateneingabe und -ausgabe soll
über den Bildschirm erfolgen.

Im Unterschied zum vorigen Beispiel wird hier mit der top-down
Methode gearbeitet. Im einfachsten Fall besteht sie darin,
sich von Anfang an den jeweils
nächsten Schritt zu überlegen.
Dies ist meist ein Modul, hier
eine Anweisung. Zunächst ist die
Überschrift zu schreiben. Unter
die Buchstaben A und B, den Bezeichnungen für die Operanden,
werden anschließend die eingegebenen Werte geschrieben. Nun sind
die Variablen zu initialisieren,
hier sind es der Summenspeicher
SUM und der Zählspeicher N, die
Null gesetzt werden.

Dann wird das erste Wertepaar
eingegeben. Dadurch werden die
Zellen A und B initialisiert. Bereits jetzt sollte man das entscheidende Problem dieses Programms erkennen: müssen die beliebig vielen einzugebenden Zahlen in 2n verschiedenen Zellen

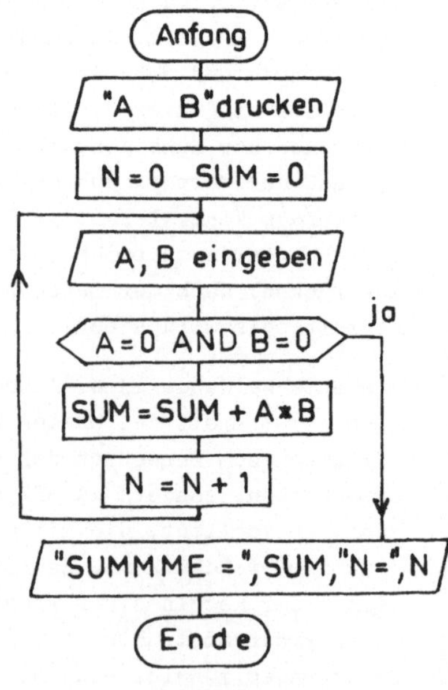

Bild 16 Produktsumme

gespeichert werden ? Aus der Aufgabenstellung erkennt man,
daß dies nicht der Fall ist. Es genügen die beiden Zellen A
und B. (Andernfalls wäre mit sog. indizierten Variablen zu
arbeiten. Dies wird in Abschn. 6 behandelt.)

Sofort nach der Dateneingabe ist das Datenende abzufragen.
Wenn es erreicht ist, sollen die Summe und die Anzahl der Summanden ausgegeben werden. Diese Anweisungen können bereits
hingeschrieben werden, obwohl diese Werte noch nicht berechnet
sind. Damit ist bereits das Programmende erreicht. Nun ist der
Nein-Zweig der Abfrage auf Datenende zu bearbeiten. Hier steht
die zentrale Anweisung des Programms: SUM = SUM + A $*$ B. Zum
jeweiligen Inhalt des Summenspeichers wird der nächste Summand
addiert. Nun ist noch der Zähler um Eins zu erhöhen und dann
kann zur Eingabe des nächsten Wertepaares zurückgesprungen
werden. - Strukturell handelt es sich um eine Schleife in der
allgemeinen Form wie in Bild 9, S. 42.

<u>Ausgabetafel</u> für Beisp. 7

X	SINH(X)	COSH(X)	TANH(X)	X
0.00	0.0000	1.0000	0.000000	0.00
0.01	0.0100	1.0001	0.010000	0.01
0.02	0.0200	1.0002	0.019997	0.02
0.03	0.0300	1.0005	0.029991	0.03
0.04	0.0400	1.0008	0.039979	0.04
0.05	0.0500	1.0013	0.049958	0.05
0.06	0.0600	1.0018	0.059928	0.06
0.07	0.0701	1.0025	0.069886	0.07
0.08	0.0801	1.0032	0.079830	0.08
0.09	0.0901	1.0041	0.089758	0.09
0.10	0.1002	1.0050	0.099668	0.10
0.11	0.1102	1.0061	0.109558	[illegible]
0.12	0.1203	1.0072	0.119427	[illegible]
0.13	0.1304	1.0085	[illegible]	0.41
0.14	0.1405	1.0098	[illegible]6930	0.42
0.15	0.1506	[illegible]	0.405321	0.43
0.16	0.14[illegible]	[illegible]84	0.413644	0.44
0.17	[illegible]	1.1030	0.421899	0.45
[illegible]	[illegible]4764	1.1077	0.430084	0.46
[illegible]	0.4875	1.1125	0.438199	0.47
0.48	0.4986	1.1174	0.446243	0.48
0.49	0.5098	1.1225	0.454216	0.49
X	SINH(X)	COSH(X)	TANH(X)	X

<u>Beispiel 7</u>. <u>Tafel der Hyperbel-</u>
<u>funktionen</u>. (BASIC Beisp. 24,
S. 100). Es ist eine Tafel der
Hyperbelfunktionen sinh x,
cosh x und tanh x für $0 \leq x \leq 5.0$
mit einer Schrittweite $\Delta x = 0.01$
zu berechnen und über den Drucker
auszugeben.

Diese Funktionen stehen in BASIC
nicht unmittelbar zur Verfügung,
sondern sind mit folgenden Formeln zu berechnen:

$$\text{sinh } x = 0.5 \; (e^X - e^{-X})$$
$$\text{cosh } x = 0.5 \; (e^X + e^{-X})$$
$$\text{tanh } x = \text{sinh } x \; / \; \text{cosh } x$$

Das Problem liegt hier in der
Gestaltung der Druckerausgabe
(Ziff. 4, S. 33). Es ist zu ermitteln, wieviele Werte auf einer
Seite gedruckt werden können und
wie sie übersichtlich gestaltet
wird. Am besten fertigt man sich
einen Entwurf mit der Schreibmaschine an. Die Tafel auf S. 57
zeigt den oberen und unteren
Teil der ersten Seite. Je 10
Zeilen werden zu einem "Block"
zusammengefaßt. Zwischen je zwei
Blöcken steht eine Leerzeile.
Am Anfang und Ende jeder Seite
sind je eine Kopf- und eine
Schlußzeile zu drucken. Insgesamt erhält man 10 Seiten.

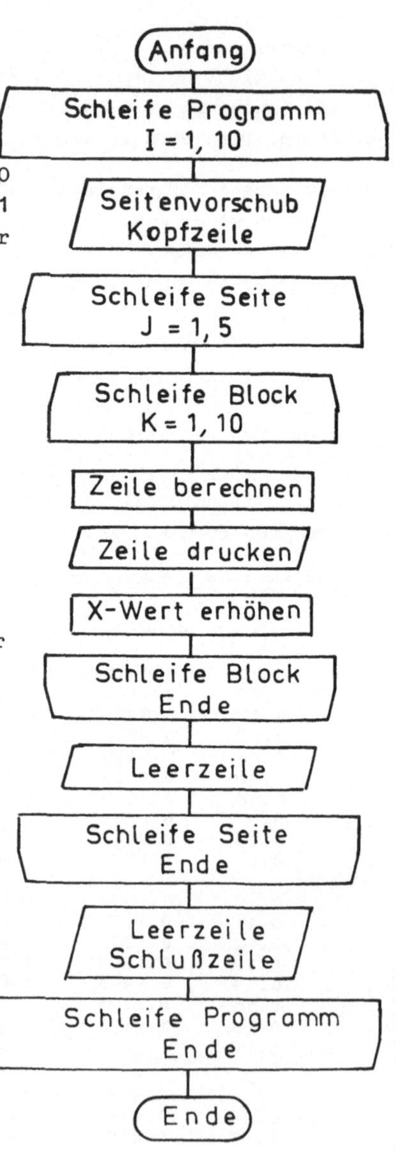

Bild 17 Hyperbelfunktionen

Beim ersten Entwurf des Plans sollte man noch nicht zu sehr in Einzelheiten gehen, sondern vor allem auf die Struktur achten. Mit dem bottom-up Verfahren werden als erstes die zentralen Anweisungen "Werte einer Zeile berechnen" und "Zeile drucken" hingeschrieben. Dann muß der x-Wert erhöht werden. Wenn dies mit einer Schleifenanweisung X = 0, 5, 0.01 versucht wird, ergeben sich Schwierigkeiten mit den weiteren Schleifen. Deshalb wird die Erhöhung mit einer Zuordnungsanweisung durchgeführt und die innerste Schleife steuert einen Block. Wenn diese Struktur erkannt wurde, folgt der Rest des Plans ziemlich zwingend.

Beispiel 8. Nullstelle einer Funktion. (BASIC Beisp. 25, S. 101). Es ist eine Nullstelle der Funktion $y = x^2 + e^x - 2$ zu berechnen. Die Lösung dieser Aufgabe erfolgt unter Bezugnahme auf die in Abschn. 3.2 erläuterten Arbeitsschritte.

1. Entfällt, da es sich um ein mathematisches Problem handelt.

2. Es gibt zahlreiche Verfahren zur Nullstellenbestimmung. Das gewählte Verfahren der laufenden Halbierung eines Intervalls hat den Vorteil, sehr einfach zu sein. Es konvergiert allerdings nur langsam. Wenn die Funktionswerte y_1 und y_2 an den Grenzen eines Intervalls $[x_1, x_2]$ verschiedene Vorzeichen haben und die Funktion in diesem Intervall definiert und stetig

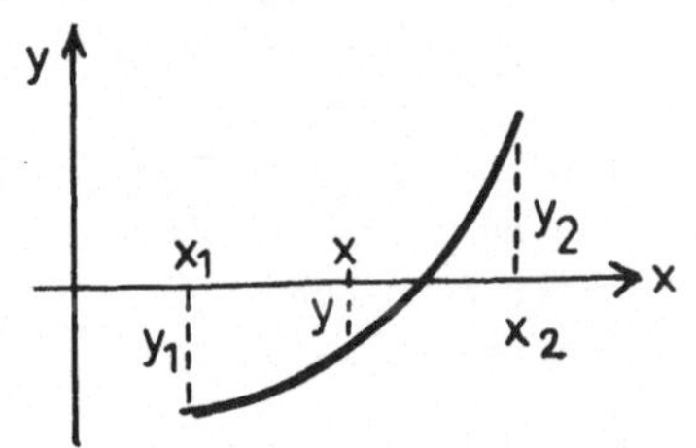

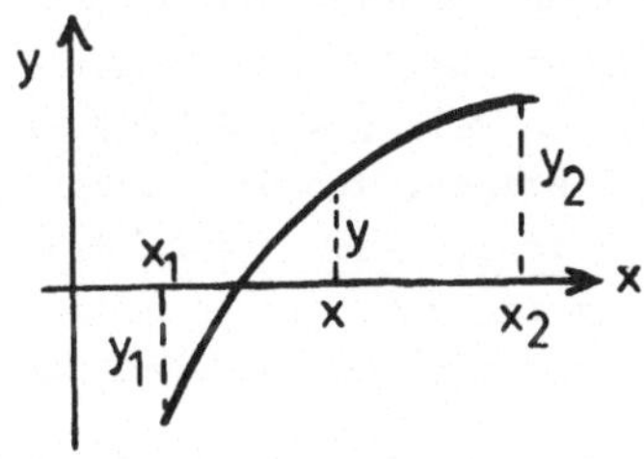

Bild 18 Eingabeln einer Nullstelle

ist, so muß es mindestens eine Nullstelle enthalten (Bild 18).
Für die mittlere Abszisse $x = (x_1 + x_2)/2$ wird der Funktionswert y berechnet. Je nach seinem Vorzeichen liegt die Nullstelle im linken oder rechten Teilintervall. Das richtige Teil-
intervalls wird wieder halbiert usw.

Wann wird das Verfahren abgebrochen ? Ein typischer Anfängerfehler wäre die Abfrage y = 0 ? Dieser exakte Wert wird wahrscheinlich wegen Rundungsfehlern nie erreicht. Auch eine Ab-
frage $|y| < 10^{-6}$ ist nicht sehr zweckmäßig, weil das Unter-
schreiten dieser Schranke bei verschiedenen Funktionen sehr
davon abhängt, mit welchem Winkel der Graph der Funktion die
Abszissenachse schneidet. Als Abbruchskriterium wird deshalb
die relative Änderung zweier aufeinanderfolgender x-Werte gewählt.

3. Zum Testen genügt in diesem Fall die Berechnung einer
Wertetafel, aus der man z.B. die Wertepaare (0; -1) und (1;
1.7183) entnimmt. Eine Skizze, wie das linke Bild 18, kann
diese Tafel ergänzen.

4. Welche Eingabedaten hat dieses Programm ? Die benötigten Intervallgrenzen können eingegeben werden. Es liegt aber
nahe, sie durch den Rechner finden zu lassen. Dies wird in
Beisp. 44, S. 137 gezeigt. Auch die Schranke für den Abbruch
könnte eingegeben werden. Hier werden diese Werte als "Anfangswerte" in das Programm übernommen. Als Eingabedatum im erwei-
terten Sinne ist auch die Funktionsgleichung anzusehen. Auch
dies wird in Beisp. 44, S. 137 fortgeführt. - Diese Diskus-
sion soll zeigen, daß die Eingabedaten (und bei anderen Problemen natürlich auch die Ausgabedaten) je nach Formulierung
und Lösung des Problems sehr unterschiedlich sein können. -
Hier ist das einzige Ausgabedatum der Wert der Nullstelle.

5. Programmablaufplan. Mit der top-down Methode erhält man
zunächst eine Folge von drei Moduls: Anfangswerte setzen -
Nullstelle berechnen - Nullstelle ausgeben. Dies entspricht
dem häufigen Dreierschritt: Eingabe - Verarbeitung - Ausgabe.

Im allgemeinen muß nun jeder dieser Schritte verfeinert werden.
Hier ist dies nur beim mittleren Schritt notwendig (Bild 19).
Im Modul "richtiges Teilintervall finden" würde eine Frage
$y < 0$ zu Fehlern führen, wenn das Vorzeichen von y_1 anders
wäre als in diesem Beispiel. Auf den Nachweis, daß die Anweisungen in den beiden Zweigen auch dann richtig sind, wenn die
Anfangswerte y_1 und y_2 die umgekehrten Vorzeichen haben wie
hier, wird verzichtet.

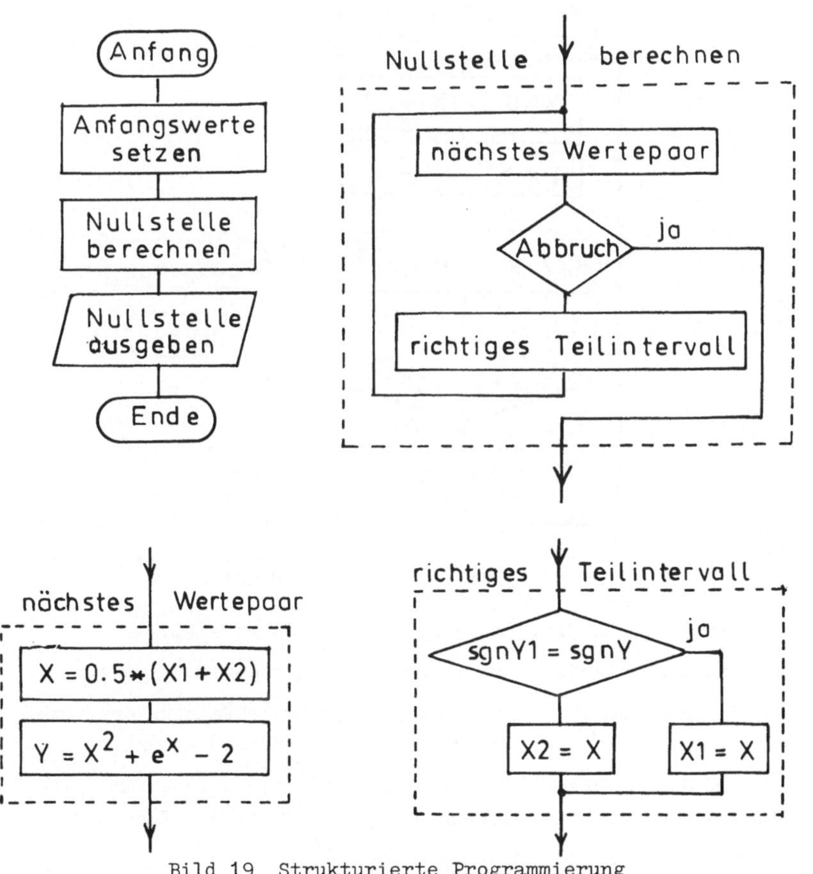

Bild 19 Strukturierte Programmierung

Bild 20 zeigt den Plan in herkömmlicher Form. Man beachte, daß eine Anweisung $y_2 = \ldots$ überflüssig wäre. Auch der Anfangswert y_1 braucht nur vor der Schleife gesetzt zu werden, da es bei der Abfrage nur auf das Vorzeichen, aber nicht auf den Zahlenwert von y_1 ankommt.

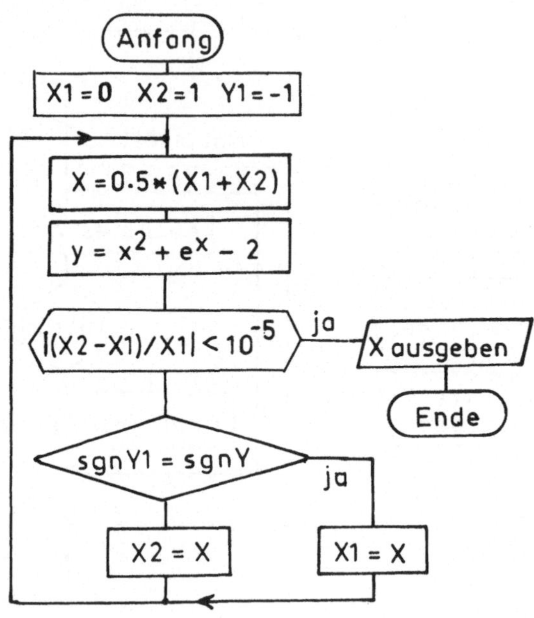

Bild 20   Nullstelle einer Funktion

6.   Das Programm wird in Beisp. 25, S. 101 gezeigt.

7.   Das Testen erfolgt durch Vergleich mit der Wertetafel.

8.   Der Programmablaufplan und eine gekürzte Fassung der vorstehenden Erörterung ergeben eine Programmbeschreibung.

9.   Für den Benutzer ist anzugeben, daß dieses Programm keine Eingabedaten benötigt und nur _eine_ Nullstelle der Funktion $y = x^2 + e^x - 2$ berechnet.

Beispiel 9. Lösen einer quadratischen Gleichung. (BASIC

Beisp. 26, S. 101). $a x^2 + b x + c = 0$

Mit den Lösungen $x_{1,2} = (-b \pm \sqrt{b^2 - 4\,a\,c}\,)/(2\,a)$

Eingabe: Eine beliebige Anzahl von Wertesätzen a, b, c. Der
Wertesatz a = b = c = 0 bedeutet das Programmende.
Ausgabe: reelle, bezw. komplexe Lösungen.

An diesem Beispiel wird das häufige Problem der Fallunterscheidung   vorgeführt. Je nach den Werten der Koeffizienten
ergeben sich unterschiedliche Lösungsformeln.

Deshalb empfiehlt sich eine systemati-
sche Übersicht über die sich ergeben-
den Folgen, wenn einzelne Koeffizienten Null werden. In der nebenstehenden
Tafel bedeutet 0, daß der betr. Koeffi-
zient Null, und 1, daß er ungleich Null
ist.

a	b	c	Folgerung
0	0	0	Programmende
0	0	1	Widerspruch
0	1	0	lineare
0	1	1	Lösung
1	0	0	
1	0	1	obige
1	1	0	Lösungs-
1	1	1	formel

Für a = 0 versagt die obige Lösungsfor-
mel. Es ist nicht selbstverständlich, daß sie in allen Fällen,
in denen a $\neq$ 0 ist, angewendet werden darf, ohne daß Abfragen
bezüglich der anderen Koeffizienten erforderlich sind.

Aus dieser Übersicht ergibt sich der erste Teil des Plans in
Bild 21. Für die Programmierung der Lösungsformel empfiehlt
sich eine Umformung in

$$x_{1,2} = \frac{-b}{2\,a} \pm \sqrt{\frac{b^2 - 4\,a\,c}{4\,a^2}}$$

Die beiden Summanden dieses Ausdrucks werden getrennt berechnet und können sowohl zur reellen als auch zur komplexen Lösung verknüpft werden. Dies ist ein Beispiel für das Prinzip,
zwecks Einsparung von Speicherplatz in den verschiedenen Zweigen von Maschen nach gleichlautenden Ausdrücken zu suchen und
diese nur einmal vor der Masche zu berechnen.

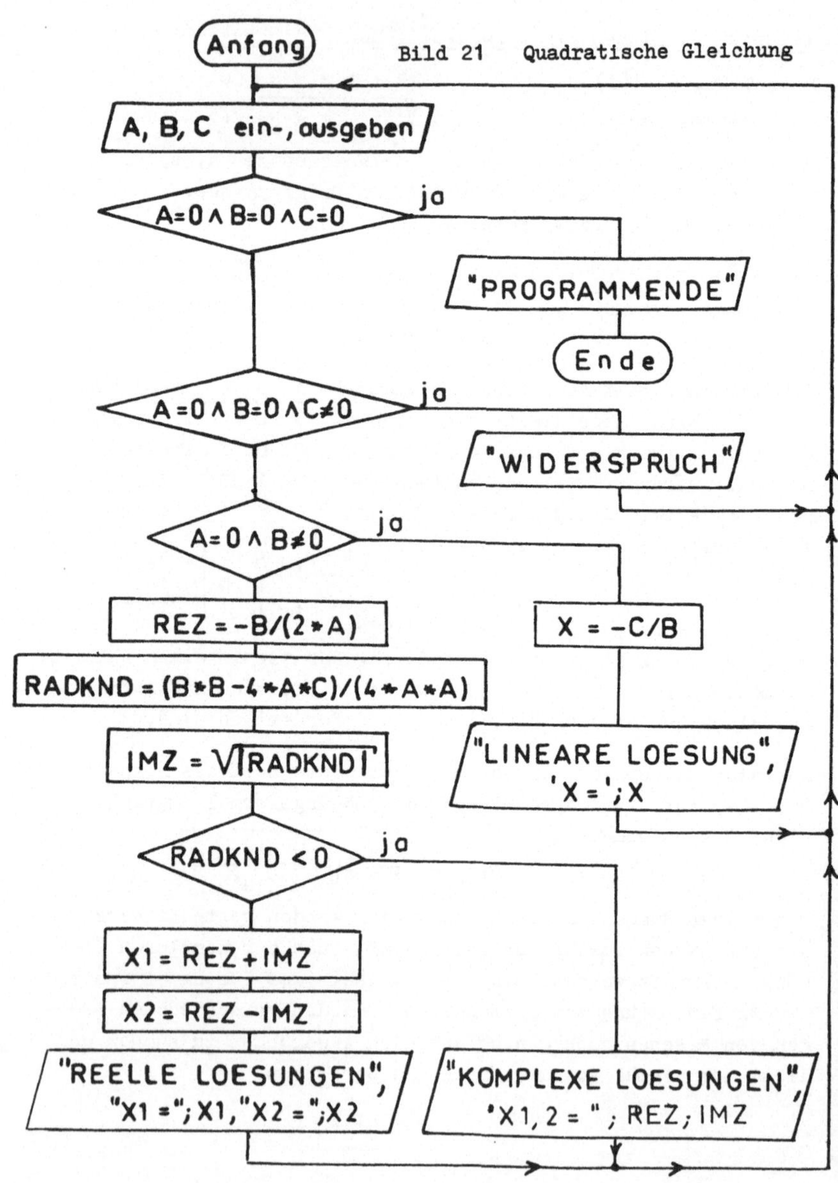

Anfang
Bild 21   Quadratische Gleichung
A, B, C ein-, ausgeben
A=0 ∧ B=0 ∧ C=0
ja
"PROGRAMMENDE"
Ende
A=0 ∧ B=0 ∧ C≠0
ja
"WIDERSPRUCH"
A=0 ∧ B≠0
ja
REZ = -B/(2*A)
X = -C/B
RADKND = (B*B-4*A*C)/(4*A*A)
IMZ = √|RADKND|
"LINEARE LOESUNG",
'X ='; X
RADKND < 0
ja
X1 = REZ+IMZ
X2 = REZ-IMZ
"REELLE LOESUNGEN",
"X1 ="; X1, "X2 ="; X2
"KOMPLEXE LOESUNGEN",
'X1,2 = '; REZ; IMZ

Beispiel 10. Numerische Differentiation. (BASIC Beisp. 27,
S. 102). Die 1. Ableitung einer
stetig differenzierbaren Funktion
$f(x)$ an der Stelle x_1 ist gemäß
der nebenstehenden Skizze

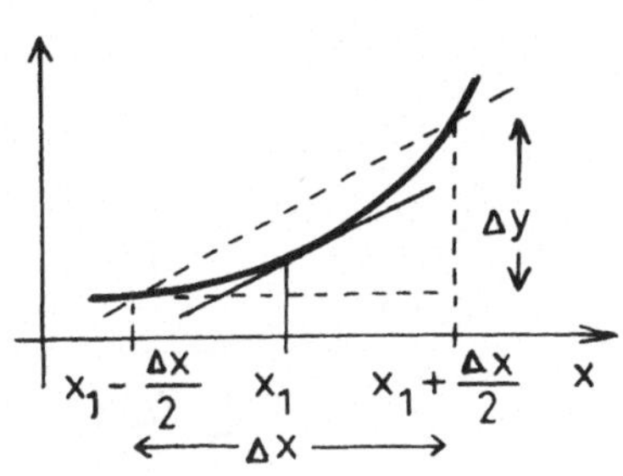

$$y_1' = \lim_{\Delta x \to 0} \frac{\Delta y}{\Delta x} = \lim_{\Delta x/2 \to 0} \frac{f(x_1 + \Delta x/2) - f(x_1 - \Delta x/2)}{2\,(\Delta x/2)}$$

Numerisch wird eine Folge von Differenzenquotienten $\Delta y/\Delta x$ berechnet, bei der die Werte von $\Delta x/2$ durch laufendes Halbieren
eine Nullfolge bilden. Diese Folge konvergiert schneller als
eine Folge der Differenzenquotienten aus den Stellen x_1 und
$x_1 + \Delta x$. Im Plan ist $\Delta x/2$ die symbolische Adresse einer
Speicherzelle. Jeder Differenzenquotient wird nach der gleichen Formel berechnet, lediglich der Wert von $\Delta x/2$ ändert sich.
Es liegt deshalb nahe, diese Berechnung in einer Schleife
durchzuführen. Der richtige Eingang und das Verlassen dieser
Schleife, d.h. der Beginn und der Abbruch der Folge bilden
das programmiertechnische Problem dieses Verfahrens.

Der Grundgedanke der Lösung besteht darin, zwei aufeinander-
folgende Werte der Folge, die mit y_{alt}' und y_{neu}' bezeichnet
werden, miteinander zu vergleichen. Wenn sie innerhalb einer
vorgegebenen Schranke übereinstimmen, gilt die Lösung als gefunden. Hierzu wird die Prüfgröße

$$\varepsilon = |(y_{neu}' - y_{alt}')/y_{neu}'|$$

gebildet. Die Absolutstriche sind erforderlich, weil andernfalls die Schleife z.B. verlassen würde, wenn $\varepsilon = -5$ wäre.
Offensichtlich soll aber $\varepsilon \approx 0$ sein. Durch y_{neu}' ist zu divi-
dieren, weil jeder Rechner nur mit einer begrenzten Stellen-
zahl arbeitet. In der Terminilogie der Fehlerrechnung ist
ε der Absolutwert des relativen Fehlers zweier aufeinanderfolgender Näherungswerte.

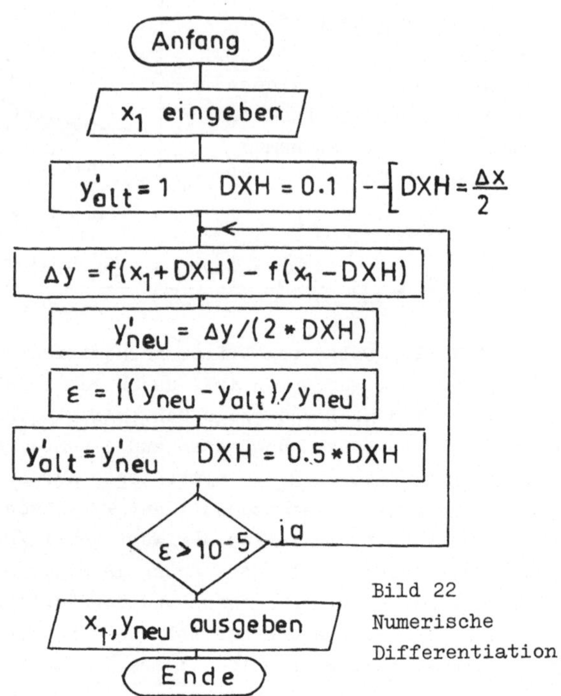

Bild 22
Numerische
Differentiation

Der Anfänger wird wahrscheinlich nach der Berechnung von ε sofort die Endabfrage durchführen und dann erst die Anweisungen $y'_{alt} = y'_{neu}$ und $\Delta x/2 = 0.5 * \Delta x/2$ bringen. Dann ergibt sich eine Schleife in der allgemeinen Form des Bildes 9, S. 42, die in BASIC nach Möglichkeit vermieden werden sollte. Der Plan Bild 22 zeigt eine Wiederholungsschleife. Damit der 1. Durchlauf vollzogen werden kann, müssen die Startwerte von $\Delta x/2$ und y'_{alt} vorgegeben werden. Die hier gewählten Werte sind willkürlich.

Beispiel 11. <u>Flächenmomente von Profilen</u>. (BASIC Beisp. 28, S. 102). In der Festigkeitslehre wird für verschiedene Profil-formen, die hier nicht näher dargestellt sind, das Flächen-moment I nach folgenden Formeln berechnet

$$
\begin{array}{ll}
\text{Profil 1} & I = (BH^3)/12 \\
\text{Profil 2} & I = (BH^3 - bh^3)/12 \\
\text{Profil 3} & I = (BH^3 + bh^3)/12 \\
\text{Profil 4} & I = (Be_1^3 - bh^3 + ae_2^3)/3
\end{array}
\qquad
\begin{array}{l}
e_1 = \dfrac{aH^2 + bd^2}{2(aH + bd)} \\[2ex]
e_2 = H - e_1
\end{array}
$$

Für eine beliebige Anzahl von Profilen dieser vier Arten soll für beliebige Abmessungen das Flächenmoment I berechnet werden.

Für jedes Profil werden eine Schlüsselzahl K für die Profilart, sowie die Abmessungen B, b, H, h, a, d eingegeben. Das Programm soll die richtige Formel finden, I berechnen und eine Ausgabe-liste mit den Abmessungen und den Flächenmomenten drucken. Die Eingabe K = 0 ist das Datenende.

Wie der Plan in Bild 23 zeigt, kann die richtige Profilart mit einem Verteiler gefunden werden. Ferner ist es zweckmäßig, die Grundformeln $BH^3/12$ und $bh^3/12$ vor den Verteiler zu legen, weil dadurch in den Zweigen 2 und 3 Speicherplatz gespart und Zweig 1 direkt zur Ausgabeanweisung geführt wird.

Beispiel 12. <u>Mischen zweier Dateien</u>. (BASIC Beisp. 50, S. 155). Diese Grundaufgabe der kaufmännischen DV ist auch für den Ingenieur von Bedeutung. Auf einer Diskette A (s. S. 19) befindet sich eine sog. Stammdatei. Sie enthält Daten, die sich längere Zeit nicht ändern, z.B. Namen und Anschriften von Kunden. Die Daten jedes Kunden sind in einem Stammsatz ge-speichert. Er beginnt mit der Kundennummer KSTA. Auf einer Diskette B befindet sich die Bewegungsdatei. Sie ent-hält Angaben, die sich bei jeder Bearbeitung ändern, z.B. die Bestellungen der Kunden. Jede Bestellung ist in einem Bewe-gungssatz gespeichert, der mit der Kundennummer KBEW beginnt. Für jeden Kunden enthält die Bewegungsdatei eine beliebige

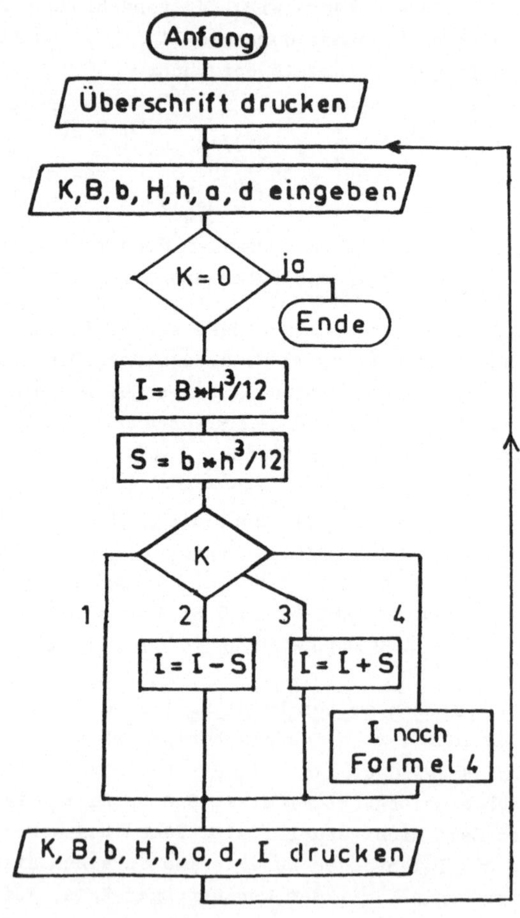

Bild 23   Flächenmomente von Profilen

Anzahl von Sätzen (auch keinen, wenn keine Bestellung vorlag).
Beide Dateien sind nach Kundennummern sortiert.

Ein Mischen dieser Dateien ist z.B. beim Schreiben von Rechnungen erforderlich. Beim ersten gelesenen Bewegungssatz jedes
Kunden ist zunächst sein Stammsatz zu lesen und zu schreiben,
dann der Bewegungssatz. Bei den weiteren Bewegungssätzen ist
nur noch dieser zu schreiben. Ehe ein Satz gelesen wird,
ist jeweils zu prüfen, ob das Dateiende erreicht wurde. Hierfür gibt es eine entsprechende BASIC-Anweisung.

Das Problem liegt im sog. Gruppenwechsel. Es ist nicht bekannt, wieviele Bewegungssätze für einen Kunden vorliegen.
Der "nächste" Stammsatz kann erst gelesen werden, nachdem
der 1. Bewegungssatz des nächsten Kunden gelesen wurde, er
ist aber vor dem Bewegungssatz zu schreiben.

Bild 24 zeigt die Lösung. In der oberen Schleife werden Bewegungssätze gelesen und geschrieben, falls der betr. Stammsatz
bereits geschrieben worden ist. In der mittleren Schleife werden Stammsätze gelesen. Wenn KSTA = KBEW ist, ist dies der Anfang einer neuen Gruppe und es werden der Stammsatz und der
1. Bewegungssatz geschrieben und zum Lesen von Bewegungssätzen
zurückgesprungen.

Dieser Plan enthält zwei sich überlappende Schleifen und ver-
stößt deshalb gegen die Regeln der strukturierten Programmierung. Man könnte auch hier das Einhalten dieser Regeln er-
zwingen, indem zunächst die Abfragen auf Dateiende mit der
jeweils darauf folgenden Abfrage mit OR zu einer Abfrage verknüpft werden und dann außerhalb dieses Moduls die Abfrage
auf Dateiende wiederholt wird. Da dies aber in BASIC nur umständlich zu realisieren ist, wird darauf verzichtet.

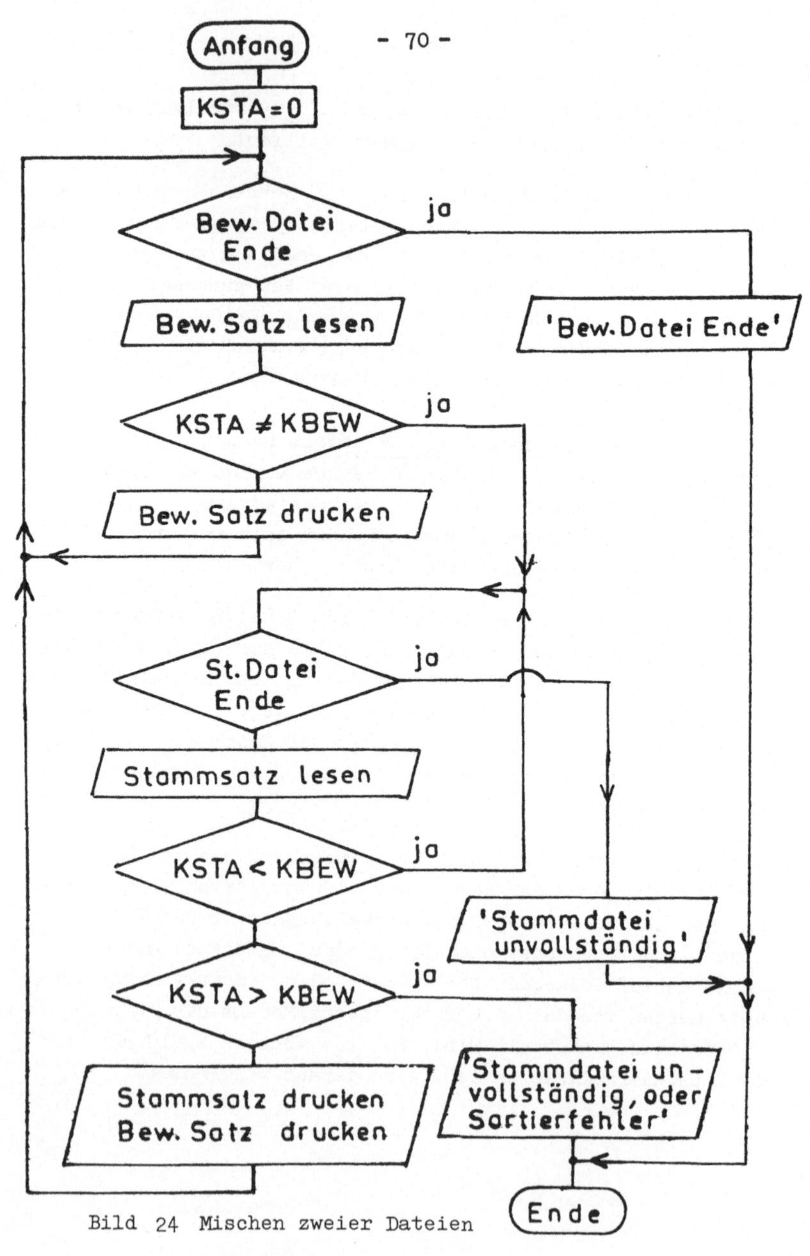

Bild 24 Mischen zweier Dateien

4.4 AUFGABEN

11. $\underline{\text{Größter gemeinsamer Teiler.}}$ Es sind zwei natürliche Zahlen M und N einzugeben und nach dem folgenden Euklid'schen Algorithmus ihr größter gemeinsamer Teiler GGT zu berechnen. Dann sind M, N und GGT auszugeben.

1. Wenn N < M, sind M und N zu tauschen.
2. Wenn M = 0, so ist N der GGT. M, N und GGT drucken. Ende.
3. Wenn M $\neq$ 0, so ist R = N mod M zu bilden. Dann ist N durch M und M durch R zu ersetzen. Fortsetzung bei Ziff. 1.

Hinweis: R ist der Divisionsrest von N/M. Für N mod M gibt es eine BASIC Anweisung.

12. $\underline{\text{Binomialkoeffizient}}$ $\binom{n}{k}$. Aus den eingegebenen natürlichen Zahlen N und K mit $1 \leq K \leq N$ ist der Binomialkoeffizient B zu berechnen. Dann sind N, K und B zu drucken. Um welche Struktur handelt es sich ?

Hinweis: Man benutze folgende Rekursionsformel
$$\binom{n}{i} = \binom{n}{i-1} \frac{n - (i - 1)}{i}$$

Für i = 1 erhält man auf der rechten Seite $\binom{n}{0}$ = 1. Dieser Wert wird vorgegeben. Ab i = 2 kann dann die Rekursionsformel benutzt werden.

13. Umrechnen von $\underline{\text{rechtwinkligen Koordinaten x, y in Polar-}}$ $\underline{\text{koordinaten}}$ r, φ. Aus einem eingegebenen Wertepaar x, y sind die Polarkoordinaten
$$r = \sqrt{x^2 + y^2} \qquad \varphi = \arctan\left(\frac{y}{x}\right)$$

zu berechnen. Dann sind r und φ auszugeben und das nächste Wertepaar wird eingegeben. Das Programm endet, wenn 0,0 eingegeben wird. Hinweise: Die vorstehenden Gleichungen können als je eine Anweisung geschrieben werden. Beim arctan sind aber Fallunterscheidungen für die verschiedenen Quadranten und für x= 0 erforderlich. Als Funktionswert wird der Hauptwert der Funktion berechnet, das ist ein Winkel im Intervall $-\pi/2 < \varphi < \pi/2$.

14. Eine s̲t̲ü̲c̲k̲w̲e̲i̲s̲e̲ ̲s̲t̲e̲t̲i̲g̲e̲ ̲F̲u̲n̲k̲t̲i̲o̲n̲ ist durch das nebenstehende Diagramm für alle $x \in \mathbb{R}$ defi-
niert. Die Koeffizienten a, b, c
werden eingegeben. Das Programm soll
für eine beliebige Anzahl von eingegebenen x-Werten jeweils das Wertepaar x_i; y_i berechnen und ausgeben.

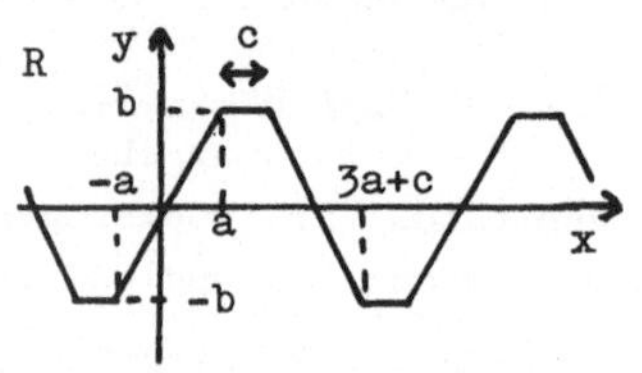

x = 0 bedeutet Programmende. Hinweis: Die Funktion ist perio-
disch. Man reduziere zunächst den eingegebenen x-Wert auf
einen entsprechenden Wert in der 1. Periode.

15. E̲x̲t̲r̲e̲m̲w̲e̲r̲t̲e̲ ̲e̲i̲n̲e̲r̲ ̲F̲u̲n̲k̲t̲i̲o̲n̲. Eine Funktion sei im Inter-
vall [a, b] definiert, alle $|y_i| < 10^{10}$ und nur je ein Minimum
und Maximum (ggf. auch Randextremwerte) vorhanden. Die Werte
a, b sowie eine Schrittweite Δx werden eingegeben, der Funktionswert mit der Anweisung y = f(x) berechnet. Es sind alle
Funktionswerte im Intervall mit der Schrittweite Δx zu berechnen, aber nur die Näherungswerte x_1; y_1 und x_2; y_2 für die
beiden Extremwertskoordinaten auszugeben.

16. N̲o̲r̲m̲a̲l̲v̲e̲r̲t̲e̲i̲l̲u̲n̲g̲ $f_1(x)$ u̲n̲d̲ I̲n̲t̲e̲g̲r̲a̲l̲f̲u̲n̲k̲t̲i̲o̲n̲ $f_2(x)$. Für
diese in der Statistik benötigten Funktionen ist eine Tafel
im Intervall $0 \leqq x \leqq 3$ mit der Schrittweite Δx = 0.1 zu berechnen und auszugeben. Es ist

$$f_1(x) = (1/\sqrt{2\pi})\, e^{-x^2/2} \qquad \text{dies kann als eine Anweisung ge-}$$

schrieben werden. Die Integralfunktion läßt sich als Reihe
darstellen, mit dem Faktor 100 erhält man die Zahlenwerte in
Prozent.

$$f_2(x) = 100 \int_0^x f_1(u)\, du = \frac{100}{\sqrt{2\pi}} \left[x - \frac{x^3}{3\cdot 2} + \frac{x^5}{5\cdot 2^2 \cdot 2!} - \frac{x^7}{7\cdot 2^3 \cdot 3!} + .. \right]$$

Jedes Glied der Reihe kann aus
dem bekannten vorhergehenden mit $\quad a_i = a_{i-1} \dfrac{-x^2\,(2i-1)}{2i\,(2i+1)}$
berechnet werden.

Der Wert $a_0 = x$ für i = 0 ist vorzugeben. Die Summation der
Reihe für einen x-Wert soll enden, wenn ein $|a_i| < 10^{-6}$ wird.

5   ELEMENTE VON BASIC

Wie bereits im Vorwort und in der Einleitung ausgeführt wurde,
unterscheiden sich die BASIC-Versionen der verschiedenen Hersteller z.T. erheblich. Hier wird versucht, sowohl dem Normentwurf [1] , kurz als die Norm bezeichnet, als auch dem Microsoft BASICA des IBM PC gerecht zu werden. Ggf. werden beide
Schreibweisen angeführt. Gelegentlich wird auf Einschränkungen
beim Minimal BASIC [2] hingewiesen, das vorwiegend für Taschenrechner gilt. Wenn von "vielen Rechnern" gesprochen wird, ist
der IBM PC mit eingeschlossen.

5.1 GRUNDBEGRIFFE

Beim Erlernen einer Sprache ist zwischen zwei Arten von Regeln
zu unterscheiden:

1. syntaktische Regeln (Syntax) betreffen den formalen Aufbau
der Sprache. Dazu gehören bei einer natürlichen Sprache z.B.
Rechtschreibung und Grammatik.

2. semantische Regeln (Semantik) behandeln den Inhalt und die
die Bedeutung von Begriffen. Beim Erlernen einer Fremdsprache
ist das "Lernen von Vokabeln" der Anfang der Semantik.

Bereits im Abschn. 4 wurde eine Reihe von Begriffen im Hinblick auf BASIC semantisch definiert. Der Schwerpunkt der folgenden Ausführungen liegt deshalb zunächst auf der Syntax der
Sprache. Diese erscheint ziemlich selbstverständlich, wenn man
ein BASIC-Programm liest. Um Programme zu schreiben, die von
einem Rechner verarbeitet werden sollen, ist aber eine exakte
Kenntnis und Anwendung dieser Regeln unerläßlich. Bereits das
Fehlen eines Punktes oder die Verwechslung mit einem Komma
verhindert die Ausführung der betr. Anweisung.

In diesem Buch werden folgende Regeln und Begriffe benutzt:

1. Mehrere zusammengehörige Schriftzeichen werden als <u>Zeichenkette</u> (string) oder als Text bezeichnet.

2. Zeichenketten, die Kleinbuchstaben enthalten, sind <u>Be-griffe</u>, die <u>zur Erläuterung</u> der BASIC-Sprache dienen (sog. metasprachliche Begriffe). Sie werden entweder als bekannt vorausgesetzt oder definiert.
   Beispiele: Ziffer (bekannt), Name (anschließend definiert)

3. Zeichenketten, die aus Großbuchstaben und Sonderzeichen bestehen, sind <u>Teile der BASIC-Sprache.</u>
   Beispiele: READ A, B, C   COS(X)

4. Die Regeln 2. und 3. können kombiniert werden.
   Beispiele: READ Liste von Variablen   COS(Ausdruck)

5. Mehrere Punkte ... bedeuten <u>Auslassung</u> oder Wiederholung.
   Beispiele: A B ... Y Z   Variable, Variable, ...

6. In <u>eckigen Klammern</u> stehende Zeichenketten dürfen (ein-schließlich der Klammern) wahlweise weggelassen werden. Eckige Klammern sind also keine BASIC-Zeichen. Durch das Weglassen des Klammerinhalts ergibt sich im allg. eine andere Wirkung. Beispiel: PRINT [Liste von Variablen]

7. Die Buchstaben m und n bedeuten meist <u>Anweisungsnummern.</u>

Die <u>Zeichen</u> der Sprache sind:

26 Großbuchstaben (ohne Umlaute)	A B C ... X Y Z
10 Dezimalziffern	0 1 2 ... 7 8 9
24 Sonderzeichen	b . , = + - ... ( ) $ /

Aus diesen Zeichen setzen sich alle höheren Sprachelemente zusammen. Das erste Sonderzeichen b bedeutet Zwischenraum (blank), z.B. die Leertaste der Tastatur.

Definition: Ein <u>Name</u> (identifier) besteht aus maximal 31 Buchstaben und/oder Ziffern. Das erste Zeichen muß ein Buchstabe sein. Namen dienen zur Bezeichnung von <u>Variablen,</u> <u>Funktionen,</u> <u>Bereichen</u> und <u>Dateien.</u>

Viele Rechner lassen weniger Zeichen zu, oder verarbeiten nur die ersten Zeichen eines Namens. Beim IBM PC darf ein Dateiname nur aus maximal 8 Zeichen bestehen, an die ein Dezimalpunkt und drei weitere Zeichen angefügt werden dürfen. Im Minimal BASIC darf ein Name nur aus einem Buchstaben, der von einer Ziffer gefolgt sein darf, bestehen. Wie bereits im Abschn. 4.1 erläutert, bedeutet ein Name die symbolische Adresse einer Speicherzelle. Er wird so gewählt, daß eine sinnvolle Beziehung zu ihrem Inhalt besteht.

In der Wahl der Namen ist der Programmierer allerdings nicht völlig frei. In jeder Programmiersprache gibt es eine Reihe reservierter Namen, die nur in der vorgeschriebenen Bedeutung benutzt werden dürfen. Dies sind die in Abschn. 5.3 erläuterten Namen der Standardfunktionen und die Schlüsselworte (keywords). Dies sind Teile von Anweisungen, die an entsprechender Stelle erläutert werden.

Beispiel: richtige Namen: A1 XMAX   VEKTOR SUMME
     falsche Namen: 1.LOESUNG (erstes Zeichen ist eine Ziffer)
               A/1   A 1 (beide Namen enthalten Sonder-
                              zeichen)
     Schlüsselworte: PRINT READ END

5.2 DATENTYPEN. KONSTANTEN. VARIABLEN

Gemäß der Norm gibt es in BASIC nur die beiden Datentypen

| Zahl (number)   und   Text (string)

Bei manchen Rechnern (auch dem IBM PC) wird der Typ Zahl noch weiter unterteilt in

    ganze Zahlen (integer)
    gebrochene Zahlen einfacher Genauigkeit (real)
    gebrochene Zahlen doppelter Genauigkeit (double precision)

Gemäß der Norm soll eine Zahl mindestens 10 gültige Dezimalziffern haben, der Wertebereich soll mindestens $10^{-38} \leq |\text{Zahl}| \leq 10^{38}$ betragen. Die tatsächlichen Werte von Genauigkeit und Wertebereich sind für die verschiedenen Rechner sehr verschieden und werden anschließend für den IBM PC angegeben.

Die Länge einer Textgröße ist gemäß der Norm variabel, d.h.
es werden soviele Zeichen gespeichert,wie eingegeben bezw.
verarbeitet werden. Die maximal zulässige Länge beträgt beim
IBM PC 255 Zeichen (gemäß der Norm mindestens 132 Zeichen). Jedes Zeichen wird im ASCII (s.Anhang) in einem byte gespeichert.

Außer diesen beiden Typen kann bei manchen Rechnern (auch dem
IBM PC) ein weiterer Typ Logisch (logical) simuliert werden.
Dieser Typ kann nur zwei Werte annehmen. Der Wert "wahr" wird
durch eine ganze Zahl ungleich Null (beim IBM PC -1) und der
Wert "falsch" durch die Zahl Null dargestellt.(Operatoren s.S.96).

Je nach der Darstellung sind die Daten Konstanten oder Variablen.

> Definition: Eine Konstante wird durch ihre Schriftzeichen
> dargestellt, eine Variable durch einen Namen.

Man beachte, daß diese Begriffe in allen Programmiersprachen
anders definiert sind, als in der Mathematik. Stellt man z.B.
die Zahl π durch 3.14159 dar, gilt sie als Konstante, schreibt
man PI, gilt sie als Variable. Letzteres ist vorzuziehen, wenn
diese Zahl mehrfach in einem Programm auftritt, weil der Name
einfacher zu schreiben ist als 6 Ziffern.

> Im Programm treten Variablen und Konstanten auf, die E/A
> Daten sind stets Konstanten.

5.2.1 Konstanten

Im folgenden wird die Schreibweise der Konstanten im Programm
und bei der Dateneingabe behandelt. Ergänzungen zur Form der
Datenausgabe durch den Rechner folgen im Abschn. 5.6.

Zahlen

Gemäß der Norm werden keine weiteren Unterscheidungen getrof-
fen, d.h. alle Zahlen werden unabhängig von den nachstehend
gezeigten zulässigen Schreibweisen einheitlich als gebroche-
ne Zahlen codiert. Beim IBM PC bewirken die unterschiedlichen
Schreibweisen verschiedene Codierungen. Für alle Zahlen gilt

| Ein positives Vorzeichen braucht nicht geschrieben zu werden.

<u>Ganze Zahlen</u> werden ohne Dezimalpunkt geschrieben und müssen im Bereich $-32768 \leq$ Zahl ≤ 32767 liegen. Sie werden als Dualzahlen in zwei bytes gespeichert. Der Vorteil ihrer Benutzung liegt im geringen Speicherbedarf, einer großen Rechengeschwindigkeit und den stets exakten Ergebnissen.

<u>Gebrochene Zahlen</u> müssen beim IBM PC innerhalb des normgemäßen Wertebereichs $10^{-38} \leq |$Zahl$| \leq 10^{38}$ liegen. Ist der Betrag kleiner, so wird die Zahl gleich Null gesetzt, ist er größer, erfolgt eine Fehlermeldung.

Es wird die einfache Genauigkeit gewählt, wenn die Zahl

keinen Dezimalpunkt enthält, aber außerhalb des Bereichs der ganzen Zahlen liegt, oder
einen Dezimalpunkt und maximal 7 Ziffern enthält, oder
in der Exponentialform der Buchstabe E benutzt wird.

Es wird die doppelte Genauigkeit gewählt, wenn die Zahl

einen Dezimalpunkt und mehr als 7 Ziffern enthält, oder
in der Exponentialform der Buchstabe D benutzt wird.

Die <u>Exponentialform</u> wird benutzt, wenn der Betrag der Zahl sehr klein oder sehr groß ist. Sie entspricht dem Ausheben einer Zehnerpotenz. Die Basiszahl 10 wird durch den Buchstaben E oder D ersetzt. Vor diesem Buchstaben muß mindestens eine Ziffer stehen. Ein Multiplikationszeichen wird nicht geschrieben.

Beispiel:	einfache Genauigkeit	doppelte Genauigkeit
	0.05	0.0500000
	5E-2	5D-2
	100000	1D5

Die Zahlen einfacher Genauigkeit werden in vier bytes gespeichert; dies ergibt 6 bis 7 richtige Dezimalziffern. Die Zahlen doppelter Genauigkeit werden in acht bytes gespeichert; dies ergibt 16 bis 17 richtige Dezimalziffern. Die Codierung erfolgt in der Exponentialform des Dualsystems.

Text

| Textkonstanten sind in Apostroph zu setzen.

Wenn innerhalb des Textes ein Apostroph vorkommt, ist dieser mit der CHR$-Funktion (s.S.117) zu verschlüsseln (CHR$(34)).

Beispiel: "HANS MUELLER"   "1985"   sind Textkonstanten.

Die Textkonstante "1985" kann in die ganze Zahl 1985 umgewandelt werden und umgekehrt. Näheres hierzu s. Abschn. 6.2.

5.2.2 Variablen

Für Wertebereich, Genauigkeit und Codierung gilt das gleiche wie für die entsprechenden Konstanten.

Numerische Variablen

Gemäß der Norm endet der Variablenname mit einem beliebigen Buchstaben oder einer Ziffer. Beim IBM PC können die verschiedenen Zahlenarten erzeugt werden, indem eins der folgenden Sonderzeichen als letztes Zeichen des Namens geschrieben wird.

        ganzzahlig   %
        einfache Genauigkeit   ! oder kein Sonderzeichen
        doppelte Genauigkeit   #

Textvariablen

Gemäß der Norm und beim IBM PC muß das letzte Zeichen des Namens $ sein. Im Minimal Basic ist nur ein Buchstabe und $ zulässig.

Beispiel: KUNDE$ ORT$ sind Textvariablen

Achtung: Beim IBM PC erfolgt bei Benutzung von NAME$ eine
           Fehlermeldung, weil NAME ein reservierter Name ist !

5.3 OPERATIONEN. STANDARDFUNKTIONEN. AUSDRÜCKE

Die Operationen und Funktionen für Textgrößen werden in Abschn.
6.2 behandelt. Die Vergleichsoperatoren findet man in Abschn.
5.7. Die <u>arithmetischen Operationen</u> werden durch folgende Sonderzeichen dargestellt:

mathem. Bez.	BASIC	mathem. Bez.	BASIC
Addition pos. Vorzeichen	+	Multiplikation	*
		Division	/
Subtraktion neg. Vorzeichen	-	Potenzieren	$\wedge$

Für die <u>Verwendung von Operationszeichen</u> gelten folgende <u>Regeln</u>:

1. Es dürfen nie zwei Operationszeichen aufeinander folgen,
ggf. sind sie durch Klammern zu trennen. Klammern gelten nicht
als Operationszeichen, hier dürfen mehrere aufeinander folgen.

2. Der Gebrauch von Klammern entspricht dem der Mathematik,
insbesondere dürfen überflüssige Klammern gesetzt werden.

3. Das Multiplikationszeichen ist stets zu schreiben.

4. Bei Verknüpfungen verschiedener Stufe (z.B. Addition und
Multiplikation) erkennt der Rechner die höhere Stufe. Es
brauchen keine Klammern gesetzt zu werden.

5. Bei Verknüpfungen gleicher Stufe wird ohne Klammern von
links nach rechts gerechnet. Beim Ausdruck a^{b^c} sind deshalb
Klammern zu setzen.

6. Vor und nach Operationszeichen, Klammern, Namen, Konstanten
und Schlüsselworten dürfen Zwischenräume gesetzt werden. Sie
werden allerdings von manchen Rechnern wieder eliminiert.

Die elementaren Funktionen der Mathematik gehören in BASIC
zu den <u>numerischen Standardfunktionen</u>. Wie man aus der rechten
Spalte der folgenden Tafel sieht, werden in BASIC noch weitere
Operationen als numerische Funktionen bezeichnet. Die in dieser
Tafel aufgeführten Funktionen stehen auf dem IBM PC zur Verfügung. Gemäß der Norm sollten noch die Arcus-, die Hyperbelfunktionen sowie weitere Operationen, die in der rechten Spalte

aufzuführen wären, angeboten werden. Beim IBM PC werden die
Funktionswerte der linken Spalte mit einfacher Genauigkeit berechnet und an sonstigen Operationen Umwandlungsfunktionen der
verschiedenen Zahlentypen zur Verfügung gestellt.

Das mit X bezeichnete Argument der Funktion ist ein numerischer Ausdruck (s.S. 81).

Numerische Funktionen

mathem. Funktionen		sonstige Operationen		
mathem. Form	BASIC	mathem. Form		BASIC
$\sqrt{x}$	SQR(X)	$|x|$		ABS(X)
sin x	SIN(X)	sgn x		SGN(X)
cos x	COS(X)	m mod n	Norm	MOD(M,N)
tan x	TAN(X)		IBM PC	M MOD N
arctan x	ATN(X)	Die größte ganze Zahl, die kleiner oder gleich x ist		INT(X)
e^x	EXP(X)			
ln x	LOG(X)	In die Zelle RND gelangt eine Pseudo-Zufallszahl $0 \leq z < 1$		RND
		Der Zufallsgenerator wird mit dem Startwert N geladen		RANDOMIZE N
		Die seit dem Einschalten des Rechners vergangene Zeit in Sekunden gelangt in diese Zelle	Norm	TIME
			IBM PC	TIMER
				s.auch Abschn.6.2

<u>Erläuterungen:</u>

Bei der Quadratwurzel und dem Logarithmus muß das Argument
positiv sein. Bei den Winkelfunktionen ist der <u>Winkel im Bo-
genmaß</u> anzugeben. Bei manchen Rechnern kann eine andere Winkel-
einheit gewählt werden. Die Modulo-Funktion liefert den Divisionsrest zweier ganzer Zahlen. Beispiel: 17 mod 5 = 2. Die
Wirkung der Integer-Funktion ist nur bei positiven Zahlen
gleich einem Abschneiden von Dezimalstellen. Beispiel:
INT(3.7) = 3, aber INT(-3.7) = -4. In Beisp.42, S. 135 ist
gezeigt, wie diese Funktion zum Runden von Zahlen gemäß DIN
1333 benutzt werden kann. (Bei der Datenausgabe wird automa-

tisch gerundet, s. Abschn. 5.6.2).

Bei der RND-Funktion wird von Pseudo-Zufallszahlen gesprochen,
weil sie mit einer Formel berechnet werden und deshalb keine
echten Zufallszahlen im Sinne der Wahrscheinlichkeitsrechnung
sind. Bei der erstmaligen Anwendung dieser Formel muß ein
Anfangswert vorgegeben werden. Dies geschieht mit RANDOMIZE N.
Es ist zweckmäßig,als N den Wert von TIMER zu nehmen. Dadurch
gewinnt man nahezu echte Zufallszahlen. In Beisp. 14, S. 84
ist gezeigt, wie man Zufallszahlen in einem beliebigen Bereich
erzeugen kann. Zufallszahlen werden in der Statistik, Wahrscheinlichkeitsrechnung (s.Aufg. 42, S. 145) und bei Spielpro-
grammen gebraucht.

> Definition: Eine oder mehrere, durch Operationszeichen
> und ggf. Klammern verknüpfte Konstanten, Variablen oder
> Funktionen bilden einen numerischen Ausdruck (numeric ex-
> pression).

Ein numerischer Ausdruck hat Ähnlichkeit mit der rechten Seite
einer Formel. Wie das folgende Beispiel zeigt, können mit diesem elementaren BASIC bereits recht komplizierte Formeln dargestellt werden.

Beispiel 13. Numerische Ausdrücke.

mathematische Schreibweise	B A S I C	mathematische Schreibweise	B A S I C
$\dfrac{a\,b}{c}$	A * B/C oder A/C * B	$\dfrac{a}{b\,c}$	A/B/C oder A/(B * C)
$\dfrac{a+b}{-c}$	(A+B)/(-C)	$x^{-p/q}$	X ∧ (-P/Q)
$\sqrt{a^2 + b^2}$	SQR(A * A + B * B)	$\sqrt[3]{x}$	X ∧ 0.333333
$e^{-x^2/2}$	EXP(-0.5 * X * X)	$A\,\sin(\omega t + \varphi)$	A * SIN(OM*T+PHI)
$\ln(x + \sqrt{1+x^2}\,)$	LOG(X+SQR(1+X*X))	$\lvert \sin x \rvert$	ABS(SIN(X))

Treten beim IBM PC in einem numerischen Ausdruck Zahlen verschiedener Typen auf, so werden alle Zahlen vor der Ausführung
der Operation in den höchsten vorkommenden Typ umgewandelt.

(Der niedrigste Typ ist ganz, der höchste doppelte Genauigkeit).
Bei der Division zweier ganzer Zahlen wird in einfache Genauigkeit umgewandelt, wenn ein Divisionsrest auftritt. Es wird
aber empfohlen, derartige sog. gemischte Ausdrücke zu vermeiden, weil bei diesen Umwandlungen unvorhergesehene Effekte auftreten können.

Die folgenden Begriffe dienen zur Beschreibung von Ausnahmefällen.

> Definitionen: Wird der Betrag einer Zahl so groß, daß sie
> nicht mehr in den dafür vorgesehenen Zellen gespeichert
> werden kann, findet ein Überlauf statt. Liegt der Betrag
> einer Zahl so dicht bei Null, daß sie nicht mehr dargestellt
> werden kann, findet ein Unterlauf statt. Die größte dar-
> stellbare Zahl heißt Maschinen-Unendlich.

Beim IBM PC erfolgt bei einem Überlauf eine Fehlermeldung und
es wird mit Maschinen-Unendlich weitergerechnet. Bei einem
Unterlauf wird ohne Fehlermeldung mit Null weitergerechnet.
Die Norm sieht zahlreiche Fehlermeldungen vor, aus denen die
Art des Zustandekommens des Ausnahmefalls erkenntlich ist.

5.4 ANWEISUNGEN. PROGRAMM

Die vorstehend behandelten numerischen Ausdrücke bilden den
wesentlichen Teil der in Abschn. 5.5 behandelten Zuordnungsanweisung. Weitere Anweisungen werden in den folgenden Abschnitten behandelt. Die Einteilung richtet sich nach den entsprechenden Symbolen des Programmablaufplans. Hier werden Regeln erläutert, die für alle Anweisungen gelten.

> Gemäß der Norm ist jede Anweisung in einer Zeile (line)
> zu schreiben, die mit einer Anweisungsnummer beginnt und
> dem Zeilenende-Zeichen (end of line, EOL) endet.

Die Anweisungsnummer ist eine ganze, positive, maximal fünfstellige Zahl. Wenn keine Verzweigungen auftreten, werden die
Anweisungen in der Reihenfolge aufsteigender Zahlen ausgeführt.
Sie brauchen nicht in dieser Reihenfolge eingegeben zu werden,
der Rechner ordnet sie bei der Ausführung. Diese Regel ist
günstig für Korrekturen. Man darf am Programmende neue Anweisungen mit "Zwischennummern" einfügen. Deshalb ist es zu
empfehlen, zunächst in Zehnerschritten zu numerieren. Bei
den meisten Rechnern gibt es Kommandos zur automatischen Numerierung und Neunumerierung der Zeilen.

Das EOL-Zeichen ist nicht genormt. Beim IBM PC ist es die EN
TER-Taste (s.S. 17). Die Länge einer Zeile beträgt gemäß der
Norm maximal 132 Zeichen, beim IBM PC 255 Zeichen. Eine BASIC-
Zeile (auch logische Zeile genannt) darf also mehrere Bildschirmzeilen (auch physische Zeilen genannt) umfassen.

Beim IBM PC und vielen anderen Rechnern dürfen <u>mehrere Anweisungen</u>, die durch : zu trennen sind, <u>in eine Zeile</u> geschrieben werden. Es wird stets die gesamte Zeile ausgeführt.

Ferner darf beim IBM PC an den Schluß jeder Zeile, durch ʹ
von den Anweisungen getrennt, ein <u>Kommentar</u> geschrieben werden. Dieser Kommentar wird beim Listen des Programms ausgegeben, bei der Ausführung aber nicht beachtet. Er ist also nicht
mit einer Ausgabe-Anweisung zu verwechseln. Eine Zeile darf
auch nur das Zeichen ʹ und einen Kommentar enthalten, dann ist
es eine sog. Kommentar-Zeile (s. auch Abschn. 5.8).

<u>Definition</u>: Ein <u>Programm</u> besteht aus einer Folge von Zeilen. Die letzte Zeile eines Hauptprogramms lautet END

Die semantische Definition des Begriffs "Programm" erfolgte
auf S. 12.

Bei vielen Rechnern dürfen auch Anweisungen ohne Anw.Nr.
eingegeben werden. Nach jeder Anweisung ist die ENTER-Taste
zu drücken. Sie wird dann sofort ausgeführt. Dies wird der
<u>Direktmodus</u> genannt. Er ist zum Testen sehr nützlich.

5.5 ZUORDNUNGSANWEISUNG

Die Zuordnungsanweisung (assignment statement) hat folgende
Form

$$\boxed{\text{[LET] Variable = Ausdruck}}$$

Bei den meisten Rechern darf das Schlüsselwort LET entfallen.
Wegen der damit erzielten Übereinstimmung zu anderen Program-
miersprachen wird auch in diesem Buch von dieser Möglichkeit
Gebrauch gemacht. Wenn die Variable und der Ausdruck numeri-
sche Größen sind, wird diese Anweisung auch als arithmetische
Anweisung bezeichnet. Es sind aber auch Textgrößen zulässig.
In beiden Fällen erfolgt eine Wertzuweisung an die Variable
(s.S. 39). Vor Ausführung dieser Anweisung müssen sämtliche
im Ausdruck vorkommende Variablen initialisiert worden sein.
Ausnahme: eine Variable hat den Wert Null.

Beispiel 14. Erzeugen_einer_natürlichen_Zufallszahl.
In der Statistik werden häufig Zufallszahlen im Intervall
$m \leq z \leq n$ mit m, n $\in \mathbb{N}$ benötigt. Dies kann durch folgende
Zuordnungsanweisung erreicht werden

$$Z = INT(M + (N-M+1) * RND)$$

Werfen einer Münze z = 0, 1   Z = INT(2 * RND)
Würfeln z = 1, 2 ... 5, 6   Z = INT(1 + 6 * RND)
Roulette z = 0, 1 ... 36   Z = INT(37 * RND)

Eine Zuordnungsanweisung für Textgrößen ist z.B.

$$NAM\$ = \text{"HANS MUELLER"}$$

5.6 EIN- UND AUSGABEANWEISUNGEN

Diese Anweisungen gehören bei allen Programmiersprachen zum
schwierigsten Teil der elementaren Regeln. In BASIC sind sie
vergleichsweise einfach. Die Schwierigkeit ergibt sich aus den
erforderlichen Umcodierungen und dem Problem, bei der Ausgabe
einen Wert aus dem Arbeitsspeicher an eine vorgegebene Stelle
des peripheren Speichers (Bildschirm, Papier) zu bringen. Die
E/A auf Disketten wird in Abschn. 8 behandelt.

Bei den folgenden Anweisungen treten Listen auf.

> **Definition:** Eine <u>Liste</u> ist eine geordnete Menge von Aus-
> drücken, meist Konstanten oder Variablen, den Listenelemen-
> ten. Wenn nichts anderes erwähnt ist, werden sie durch Kom-
> mata getrennt. Nach dem letzten Element steht kein Komma.

5.6.1 Einfache Ein- und Ausgabeanweisungen

Die häufigste <u>Eingabeanweisung</u> lautet

Norm	INPUT [PROMPT Textkonstante :] Eingabeliste
IBM PC	INPUT [Textkonstante ,] Eingabeliste

Textkonstante = Dieser Text wird vor der Eingabe auf dem Bildschirm <u>ausgegeben</u>. Diese unlogische Regel erlaubt es, dem Benutzer entsprechende Hinweise
zu geben (s.S. 49).

Eingabeliste = Liste von Variablen. Es sind die Namen der
Zellen, in denen die Eingabewerte gespeichert
werden.

Wenn der Rechner diese Anweisung erreicht, wird entweder
die Textkonstante ausgegeben oder, wenn sie fehlt, ein Frage-
zeichen. Dann sind über die Tastatur die der Eingabeliste
entsprechenden Werte als Konstanten einzugeben. Zwischen je
zwei Konstanten ist ein Komma zu setzen. Textkonstanten dürfen
ohne Apostroph eingegeben werden, wenn sie kein Komma und
keine blanks am Anfang oder am Ende enthalten. Nach dem letzten Eingabewert ist die ENTER-Taste zu drücken. Dadurch werden
die Daten in den Arbeitsspeicher übertragen und die nächste
Anweisung wird ausgeführt. Siehe auch Abschnitt "Datenende"
auf S. 52.

Beispiel : INPUT " A = ", A   Wird der Wert 1.5 eingegeben,
erscheint auf dem Bildschirm in einer Zeile   A = 1.5

Der IBM PC reagiert sehr empfindlich auf Eingabefehler. Stimmt
die Anzahl der eingegebenen Daten nicht genau mit der Anzahl
der Elemente der Eingabeliste überein, so erscheint eine Fehlermeldung Redo from Start und die gesamte Eingabe ist vorn vorn
zu wiederholen. Wird nach der Textkonstanten statt , ein ; geschrieben, erscheint ein ? auf dem Bildschirm.

Mit der Anweisung | LINE INPUT   Rest wie bei INPUT |

wird jede eingegebene Zeile, die aus beliebigen Schriftzeichen
bestehen darf, in je einer Textvariablen gespeichert. Die Eingabeliste muß also soviele Textvariablen enthalten, wie Zeilen
eingegeben werden sollen.

Die einfachste Ausgabeanweisung lautet

          | PRINT [Ausgabeliste] |

Ausgabeliste = Element Trennzeichen Element Trennzeichen ...
Element   = Ausdruck oder Aufruf der TAB-Funktion
               Es wird empfohlen,als Ausdrücke nur Variablen
               oder Konstanten zu benutzen.
Trennzeichen = Komma oder Semikolon
Fehlt [ ] , so wird eine Leerzeile ausgegeben.

Zunächst wird die Wirkung dieser Anweisung in Kurzfassung be-
schrieben: Der Wert des Ausdrucks wird berechnet und ausge-
geben. Das Trennzeichen Komma bewirkt einen "weiten" und das
Semikolon einen "engen" Abstand zwischen zwei Druckelementen.
Mit der TAB-Funktion kann die Wirkung eines Tabulators einer
Schreibmaschine simuliert werden. Die Ausgabe erfolgt auf dem
Bildschirm. Eine Ausgabe auf einem Drucker wird auf dem IBM PC
durch das Schlüsselwort LPRINT erzeugt, bei anderen Rechnern
durch ein Kommando, das vor der Programmausführung zu geben ist.
Beim IBM PC kann auch durch entsprechende Steuertasten ein
Bildschirminhalt oder die gesamte Bildschirmausgabe auf dem
Drucker ausgegeben werden.

Bei der nun folgenden genaueren Beschreibung werden nur "Nor-
malfälle" behandelt. Die Spezialwirkungen, die mittels der in
der Norm beschriebenen "Ausnahmefälle" erzielt werden können,
werden einfacher mit der anschließend behandelten PRINT USING
Anweisung   erreicht.

Für die <u>Plazierung der Druckelemente</u> innerhalb einer und in verschiedenen Zeilen gibt es folgende Möglichkeiten:

1. Als Trennzeichen wird das <u>Komma</u> benutzt. Dann wird jede Zeile in eine feste Anzahl von Zonen (Felder) mit jeweils fester Länge eingeteilt. Beim hier benutzten Rechner beträgt die Feldlänge 14 Zeichen. Das nächste Druckelement wird linksbündig in die nächste freie Zone geschrieben.

|← Zone 1 |← Zone 2 |← Zone 3 |← Zone 4

Wie das folgende Beispiel zeigt, stehen dann bei verschieden langen Zahlen in verschiedenen Zeilen stets die höchsten Stellen der Zahlen untereinander. Wenn die PRINT Liste länger ist, als die Anzahl der Zonen einer Zeile, werden automatisch neue Zeilen begonnen.

2. Als Trennzeichen wird das <u>Semikolon</u> benutzt. Dann wird beim IBM PC für jede Zahl eine Vorzeichenstelle (+ wird nicht geschrieben) und am Schluß ein blank ausgegeben. Textgrößen werden ohne Zwischenräume ausgegeben. Die Zeilen werden voll geschrieben, wobei kein Element getrennt wird.

3. Es wird die <u>TAB-Funktion</u> benutzt (Trennzeichen ist gemäß Norm beliebig, beim IBM PC ;). Sie lautet

$$\boxed{\text{TAB(numerischer Ausdruck)}}$$

Der numerische Ausdruck ist meist eine numerische Konstante oder Variable mit einem positiven ganzzahligen Wert. Andernfalls wird der Ausdruck berechnet und die INT- und ABS-Funktionen angewendet. Dieser Wert bedeutet die Nummer der Druckstelle, in die das 1. Zeichen des nächsten Druckelementes geschrieben werden soll (IBM PC: bei Zahlen die Vorzeichenstelle).

Die <u>Ausgabe einer Zeile</u> erfolgt durch das Steuerzeichen EOL (end of line). Es wird vom Rechner gesetzt, wenn eine der folgenden Bedingungen vorliegt:

1. eine Zeile ist voll;
2. nach dem letzten Element der Ausgabeliste steht kein Trennzeichen;
3. PRINT Anweisung ohne Ausgabeliste;
4. END Anweisung.

Wenn nach dem letzten Element der Ausgabeliste ein Trennzeichen steht, wird die Liste der nächsten PRINT Anweisung als
Fortsetzung aufgefaßt. Eine "nächste" PRINT Anweisung liegt
auch dann vor, wenn die gleiche Anweisung bei der Abarbeitung
einer Schleife mehrfach durchlaufen wird.

Bei der Ausgabe von Zahlen ist die Anzahl der auszugebenden
Ziffern nicht genormt. Das folgende Beispiel zeigt die Ausgabe
von Zehnerpotenzen beim IBM PC.

Die Elemente der Ausgabeliste können auch Steuerbefehle für
den Drucker bedeuten. Näheres hierzu s. S. 118.

Beispiel 15.   Ausgabe mit der PRINT-Anweisung.

```
10    'BEISP. 15, AUSGABE MIT DER PRINT-ANWEISUNG  DATEI B15PRIN1
20    X = .5 : Y = .375
30    PRINT "X = "; X : PRINT
40    PRINT "     FUNKTIONSTAFEL" : PRINT
50    PRINT "      X            Y"  : PRINT
60    PRINT TAB(6); X; TAB(17); Y
70    PRINT : PRINT
80    PRINT "         TRENNZEICHEN KOMMA, WEITER ABSTAND"
90    FOR I = -10 TO 10
100     PRINT 10^I,
110   NEXT I
120   PRINT : PRINT
130   PRINT "         TRENNZEICHEN SEMIKOLON, ENGER ABSTAND"
140   FOR I = -10 TO 10
150     PRINT 10^I;
160   NEXT I
170   PRINT  : PRINT
180   PRINT TAB(5); "DIES" : PRINT TAB(9); "IST"
190   PRINT TAB(12); "TEXT"; TAB(20); "ENDE"
200   END
Ok
RUN
X =  .5

     FUNKTIONSTAFEL

      X            Y                    Zur Verdeutlichung wurden
uuuuuu.5uuuuuuuuu.375                   die u manuell eingefügt.
```

```
        TRENNZEICHEN KOMMA, WEITER ABSTAND
 1E-10         1E-09              1E-08            .0000001         .000001
 .00001        .0001              9.999999E-04                     .01
 .1            1                  10               100             1000
 10000         100000             1000000          1E+07           1E+08
 1E+09         1E+10

        TRENNZEICHEN SEMIKOLON, ENGER ABSTAND
 1E-10  1E-09  1E-08  .0000001  .000001  .00001  .0001  9.999999E-04  .01  .1
 1   10   100   1000   10000   100000   1000000   1E+07   1E+08   1E+09   1E+10

 DIES
      IST
           TEXT      ENDE
Ok
```

<u>Erläuterungen</u>:   In Anw.Nr. 30 lautet die Stringkonstante
"X = ". Nach dem Gleichheitszeichen steht ein blank. Bei der
Ausgabe erscheinen zwei blanks nach dem Gleichheitszeichen,
weil bei Zahlen stets eine Stelle für das Vorzeichen reserviert wird.

Anw.Nr. 60 ist normalerweise Teil einer Schleife, in der mehrere (x,y)-Wertepaare berechnet werden. Bei der Ausgabe stehen
die Dezimalpunkte nur dann untereinander in der gleichen
Schreibstelle, wenn die Anzahl der Ziffern vor dem Dezimalpunkt bei allen Zahlen gleich ist. Um bei beliebigen Werten
die Dezimalpunkte in der gleichen Schreibstelle zu erhalten,
muß die PRINT USING-Anweisung benutzt werden.

Die beiden Schleifen Anw.Nr. 90-110 und 140-160 zeigen die
Wirkung der verschiedenen Trennzeichen. Wenn in Anw.Nr. 100
bezw. 150 kein Trennzeichen wäre, würden alle Zahlen untereinander ausgegeben. Außerdem erkennt man bei diesen Schleifen
den automatischen Übergang zwischen den verschiedenen Schreibweisen der Zahlen in Abhängigkeit von ihrem Betrag.

In Anw.Nr. 120 und 170 müssen <u>zwei</u> PRINT-Anweisungen geschrieben werden, um <u>eine</u> Leerzeile zu erhalten. Das erste PRINT
wird benötigt, um nach dem letzten Trennzeichen eine neue
Zeile zu beginnen.

5.6.2 <u>Interne Wertzuweisung</u>

Wenn vor dem Programmbeginn bekannt ist, welche Werte einzelne

Variable annehmen (z.B. die <u>Anfangswerte</u>), benutzt man folgende

Anweisungen

DATA Liste von Konstanten
READ Liste von Variablen

Die Elemente beider Listen werden paarweise einander zugeord-
net und müssen deshalb im Typ (numerisch bezw. string) übereinstimmen. Bei Stringkonstanten der DATA-Liste dürfen Anfüh-
rungsstriche weggelassen werden.

Beispiel: Wirkung
         110   DATA 1.5, -3, "MUELLER"   A = 1.5   B = -3
         120   READ A, B, N$ N$ = "MUELLER"

In einem Programm dürfen mehrere DATA und READ Anweisungen
vorkommen. Meist plaziert man alle DATA Anweisungen gemeinsam an den Anfang oder das Ende des Programms. Die Elemente
sämtlicher DATA Anweisungen werden vor Programmbeginn in einer
gemeinsamen Datei im Arbeitsspeicher zusammengefaßt. Wenn während des Programmablaufs die READ Anweisungen verarbeitet werden, wird, beginnend beim ersten Element der Datei, jeweils
zum "nächsten" Datenelement zugegriffen (sequentielle Verarbeitung).

Beispiel: 110   DATA 1, 2, 3   Wirkung
             120   READ A, B   A = 1   B = 2
                   Anweisungen
             200   READ C   C = 3

Wenn die Datenliste erschöpft ist, und weitere READ Elemente
auftreten, erfolgt eine Fehlermeldung.

Mit der Anweisung | RESTORE |

wird die Datei wieder von vorn gelesen.

Beispiel: 110   DATA 1, 2   Wirkung
             120   READ A, B   A = 1   B = 2
                   Anweisungen
             200   RESTORE
             210   READ C, D   C = 1   D = 2

5.6.3 Formatierung. Bildschirmsteuerung

Mit der folgenden Anweisung kann jede Ausgabezeile "formatiert"
werden, d.h. der Aufbau der Zeile kann dem jeweiligen Problem
voll angepaßt werden. Wie bereits in den Erläuterungen zu Ziff.
4 auf S. 34 ausgeführt wurde, sollte dieser Zeilenaufbau, d.h.
der Inhalt jeder einzelnen Schreibstelle der Zeile bekannt
sein, ehe man die folgende Anweisung benutzt. Dies wird nochmals betont, weil der Anfänger dazu neigt, das Problem der
Datenausgabe zu unterschätzen und versucht, es durch plan-
loses Probieren zu lösen. Nach einigen Versuchen wird dann oft
der Bequemlichkeit des Programmierers der Vorzug vor der
Benutzerfreundlichkeit gegeben (s.S. 49).

> Definition: Mehrere zusammengehörige Schriftzeichen
> bilden ein Feld (field).

Die wirkungsvollste Ausgabeanweisung lautet beim IBM PC

PRINT USING Formatstring ; Ausgabeliste

Formatstring = Textkonstante oder -variable. Sie beschreibt
das Format einer Ausgabezeile.
Ausgabeliste = Liste von Ausdrücken, Trennzeichen beliebig.

Gemäß der Norm darf anstelle des Formatstrings auch eine
Anw.Nr. n stehen (beim IBM PC nicht zulässig). Die Anw.Nr. n
lautet

n IMAGE: Formatstring

Ferner ist normgemäß in der PRINT USING Anweisung statt ;
ein : zu schreiben.

Für jedes Element der Ausgabeliste wird im Formatstring ein
entsprechendes Feld reserviert. Das geschieht mit den folgenden Sonderzeichen. Alle anderen Zeichen im Formatstring (auch
blanks) werden in der gleichen Form ausgegeben, wie sie dort
stehen. Wenn die Ausgabeliste länger ist als der Formatstring,
wird dieser beim IBM PC von vorn wiederholt.

Sonderzeichen für den Formatstring:

 # Schriftzeichen   . Dezimalpunkt   ∧∧∧∧ Exponentialform

Beim IBM PC darf das Zeichen # nur für Ziffern und Vorzeichen
von Zahlen benutzt werden. Für Textgrößen gibt es folgende
Sonderzeichen:

 & Es wird die Anzahl von Stellen reserviert, aus denen das
    Feld "tatsächlich" besteht.

\n blanks\ Es werden n+2 Stellen für ein Textfeld reserviert.
          Man beachte den umgekehrten Schrägstrich, er wird
          durch gleichzeitiges Drücken der drei Tasten
          Ctrl Alt ⩾ erzeugt.

Beispiel 16.   Ausgabe mit der PRINT USING-Anweisung.

```
10   'BEISP. 16, AUSGABE MIT PRINT USING. DATEI B16PRIN2
30   X = .5 : PRINT USING "X = ###.##"; X
40   PRINT USING "###.##^^^^"; X
50   FORMAT2$ = "###.##   ###.##   ###.##^^^^"
60   PRINT USING FORMAT2$; 15, 3.2999, -.1234
70   'STRINGAUSGABE
80   FORMAT3$ = "\     \"   : N$ = "HANS"
90   PRINT USING FORMAT3$; N$
100  PRINT USING "&"; "ABCDEFG"
110  END
Ok
RUN
X =    0.50
  50.00E-02
  15.00     3.30   -12.34E-02
HANS
ABCDEFG
Ok
```

Beispiel 17. Vierfeldertafel der Statistik.

Die Vierfeldertafel ist eine häufige Darstellungsart der Ergebnisse statistischer Erhebungen. Es wird nach zwei Merkma-
len A und B sowie deren Negation A* und B* gefragt (z.B.
Raucher - Nichtraucher und Sportler - Nichtsportler) In die
vier Felder werden die Anzahlen der ermittelten Elemente ein-
getragen, bei denen die Konjunktion der in den Randspalten
angegebenen Merkmale zutrifft. In der nachstehenden Tafel be-
sitzen 722 Elemente die Merkmale B und A* . In den Randspalten stehen die Summen der Anzahlen in den betr. Spalten bezw.
Zeilen.

Das nachstehende Programm zeigt die Berechnung und den Druck
der angegebenen Tafel. Hinweis: ST bedeutet bei den Variablennamen * .

```
10   'BEISP. 17, VIERFELDERTAFEL, DATEI B17VIERF
20   DATA 110, 722, 126, 1042 : READ AB, ASTB, ABST, ASTBST
30   'BERECHNUNG
40   ZSUB = AB + ASTB : ZSUBST = ABST + ASTBST
50   SSUA = AB + ABST : SSUAST = ASTB + ASTBST
60   GESU = ZSUB + ZSUBST
70   'AUSGABE
80   CLS : PRINT "        VIERFELDERTAFEL" : PRINT
90   PRINT "          I   A     A* I"
100  STRICH$ = "-------I-----------I-------" : PRINT STRICH$
110  PRINT USING "    B  I ###   #### I ####"; AB, ASTB, ZSUB
120  PRINT USING "    B* I ###   #### I ####"; ABST, ASTBST, ZSUBST
130  PRINT STRICH$
140  PRINT USING "       I ###   #### I ####"; SSUA, SSUAST, GESU
150  END
```

```
        VIERFELDERTAFEL

          I   A     A* I
-------I-----------I-------
    B  I 110    722 I  832
    B* I 126   1042 I 1168
-------I-----------I-------
       I 236   1764 I 2000
```

Die folgende Anweisung zur Steuerung des Zeigers auf dem Bildschirm gilt in dieser Form speziell für den IBM PC. Auf anderen Rechnern kann dieser Effekt oft mit den in Abschn. 6.2
beschriebenen Steuerzeichen erreicht werden.

```
┌─────────────────────────┐
│ LOCATE Zeile, Spalte     │
└─────────────────────────┘
```

Zeile = numerischer Ausdruck im Bereich $1 \leq$ Zeile ≤ 25
Spalte = numerischer Ausdruck im Bereich $1 \leq$ Spalte ≤ 80

Diese Ausdrücke bedeuten die Bildschirmkoordinaten, an die
der Zeiger (cursor) gesetzt wird. Diese Anweisung wird im
allg. vor einer E/A Anweisung gegeben, wenn die folgende E/A
an einer bestimmten Stelle des Bildschirms erfolgen soll.

Beispiel 18. Aufbau einer Bildschirmmaske.
Für den Benutzer ist es angenehm, wenn er bereits vor der
Eingabe sämtliche einzugebenen Größen auf dem Bildschirm angezeigt bekommt und der Zeiger stets an der "richtigen Stelle"
für die nächste Eingabe steht.

Mit dem folgenden Programm werden zunächst auf dem Bildschirm
die hier unterstrichenen Begriffe angezeigt. Anschließend erfolgt die Dateneingabe. Nach jedem Druck der ENTER-Taste
springt der Zeiger zum nächsten Begriff. (Die Unterstreichun-
gen erscheinen mit diesem Programm nicht auf dem Bildschirm.
Um dies zu erreichen, müßte eine weitere, nur IBM-spezifische
Anweisung erläutert werden, s.S. 119).

```
10   'AUFBAU EINER BILDSCHIRMMASKE. DATEI B18MASKE
20   'AUFBAU DER MASKE
30   CLS : LOCATE 5,25 : PRINT "P E R S O N A L D A T E N"
40   LOCATE 8, 5 : PRINT "PERS.NR.: "; TAB(25); "VORNAME : ";
     TAB(45); "NAME: "
50   LOCATE 10,5 : PRINT "GEB.: "; TAB(25); "FAM.STAND:";
     TAB(45); "BERUF: "
60   LOCATE 12,5 : PRINT "STRASSE, NR.: "; TAB(45);
     "POSTLTZ. ORT: "
70   'DATENEINGABE
80   LOCATE 8,14 : INPUT " ", PNR :LOCATE 8,34 : INPUT " ",
     VORN$ : LOCATE 8,51  : INPUT " ", NAM$
90   LOCATE 10,10 : INPUT " ", GEB$ : LOCATE 10,35 :INPUT " ",
     FST$ : LOCATE 10,51 : INPUT " ", BER$
100  LOCATE 12,18 : INPUT " ", STRAS$ : LOCATE 12,58 :
     INPUT " ", ORT$
110  END
```

```
                    P E R S O N A L D A T E N


   PERS.NR.: 4711      VORNAME : HUGO      NAME:   HACKER

   GEB.: 17.05.68      FAM.STAND: GESCH.   BERUF: PC-FREAK

   STRASSE, NR.: MASCHE 99                 POSTLTZ. ORT: UNBEKANNT
Ok
```

5.7 STEUERANWEISUNGEN

Diese Anweisungen entsprechen den Verzweigungen im Plan und
dienen der Realisierung der im Abschn. 4.1.2 behandelten
Strukturen. Dabei wird ein grundsätzlicher Unterschied zwischen Plan und Programm deutlich: ein Plan ist zweidimensio-
nal, ein Programm besteht aus einer eindimensionales Folge
von Anweisungen. Auf theoretische Ansätze, dieses Problem
grundsätzlich zu lösen, kann hier nicht eingegangen werden.
Für die Probleme der Ingenieurpraxis genügen die hier gezeigten heuristischen Methoden.

5.7.1 Unbedingter Sprung

Die einfachste Steueranweisung lautet   GOTO n

Als nächstes wird die Anweisung Nr. n ausgeführt. Diese GOTO-
Anweisung wird als Ergänzung mancher der folgenden Steueran-
weisungen gebraucht, weil in BASIC z.B. keine Anweisung für
die allgemeine Form einer Schleife existiert (Bild 9, S. 42).
Ferner dient sie oft zur "gewaltsamen" Lösung des im vorigen
Absatz geschilderten Problems. Im Sinne der strukturierten
Programmierung sollte diese Anweisung möglichst wenig benutzt
werden.

5.7.2 Bedingter Sprung

Diese Anweisung dient unmittelbar zur Realisierung einer
Masche mit zwei besetzten Zweigen. Mit Hilfe der GOTO-Anw.
können damit aber auch alle anderen Strukturen programmiert
werden. Sie lautet beim IBM PC

    IF Bedingung THEN Ja-Zweig [ELSE Nein-Zweig]

Dies ist eine Anweisung, die der Übersichtlichkeit halber
oft in verschiedenen Bildschirmzeilen geschrieben wird; wobei
die Ja- und Nein-Zweige aus meh-
reren, durch : getrennten Anweisungen bestehen dürfen (s.
Abschn. 5.4).

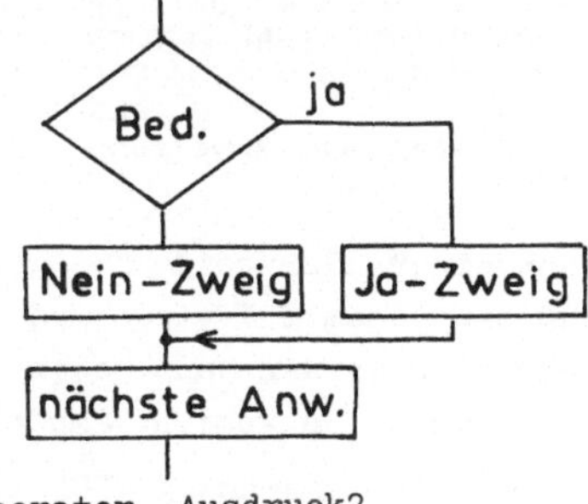

     m IF Bedingung
       THEN Anw : Anw : Anw
       ELSE Anw : Anw : Anw
     n nächste Anweisung

Bedingung = Ausdruck1 Vergleichsoperator Ausdruck2

Wenn [ ] fehlt, wird bei Nein die nächste Anweisung ausgeführt.

Es gibt folgende Vergleichsoperatoren

gleich   =   größer als   >   kleiner als   <
ungleich <>   größer oder gleich >=   kleiner oder gleich <=

Hier gelten auch zwei hintereinander geschriebene Zeichen als
ein Operationszeichen. Mit dieser Anweisung können numerische
und auch Textausdrücke verglichen werden. Zwei Textausdrücke
sind gleich, wenn sie die gleichen Zeichen enthalten. Um die
Art der Ungleichheit festzustellen, werden die im ASCII codier-
ten Binärmuster als Dualzahlen aufgefaßt und verglichen.

Zum Verknüpfen mehrerer Bedingungen gibt es <u>logische Operato-
ren</u>. Mit AND wird der Ja-Zweig gewählt, wenn jede, mit OR,
wenn mindestens eine der einzelnen Bedingungen erfüllt ist.
Mit NOT Bed wird die Bedingung negiert.

<u>Beispiel 19.</u> <u>Auswertung einer Benutzereingabe.</u>
Für eine Dialogsprache ist es typisch, daß der Benutzer während des Programms vom Rechner Fragen gestellt bekommt, die er
im einfachsten Fall mit ja oder nein beantworten muß. Dabei ist auch die Möglichkeit vorzusehen, daß er etwas anderes
eingibt. Der folgende Programmausschnitt zeigt eine entsprechende Abfrage. Wie man im ersten Teil sieht, darf der ELSE-
Teil der Anweisung entfallen.

```
10   'BEISP. 19, BENUTZERABFRAGE, DATEI B19BEN
100  INPUT "JA ODER NEIN EINGEBEN. ", ANTW$
110  IF ANTW$ = "JA"  OR  ANTW$ = "NEIN" THEN GOTO 130
120   PRINT "IHRE ANTWORT IST UNVERSTAENDLICH !" : GOTO 100
130  IF ANTW$ = "JA" THEN GOTO 1000
                     ELSE GOTO 2000
140  'naechste Anweisung
150  '........
```

Wenn einer oder beide Zweige der Masche so umfangreich sind,
daß die gesamte IF-Anweisung nicht mehr als eine Anweisung geschrieben werden kann, oder wenn in einem Zweig weitere IF-
Anweisungen vorkommen, empfiehlt sich folgendes Verfahren

```
m     IF Bedingung THEN GOTO n1
m1    numerierte Anweisungen des Nein-Zweiges
      .......
mm    GOTO n   Es ist ein häufiger Fehler, diese Anweisung
                                            zu vergessen.
n1    numerierte Anweisungen des Ja-Zweiges
      .........
n     nächste Anweisung
```

Entsprechend kann eine <u>allgemeine Schleife</u> programmiert werden.

```
l    1. Folge
     ......
m    IF Bedingung THEN GOTO n
m1   2. Folge
     ......
mm   GOTO l
n    nächste Anweisung
```

Wenn die 1. Folge fehlt und die
IF-Anweisung die Nr. l hat, so
liegt eine <u>Bedingungsschleife</u> vor.
Wenn die 2. Folge einschl. der
Anweisung GOTO l fehlt und in der
IF-Anweisung GOTO l steht, liegt eine <u>Wiederholungsschleife</u> vor.

5.7.3 <u>Schleifenanweisungen</u>

Für Bedingungsschleifen und Zählschleifen gibt es eigene Anweisungen. Die <u>Anweisung für eine Bedingungsschleife</u> lautet:

Norm
```
DO WHILE Bedingung
   Folge
LOOP
```

IBM PC
```
WHILE Bedingung
   Folge
WEND
```

Die Folge wird solange durchlaufen, wie die Bedingung erfüllt
ist.

Die <u>Anweisung für eine Zählschleife</u> lautet

```
FOR num. Variable = Anfangswert TO Endwert STEP Schrittweite
   Folge
NEXT num. Variable
```

Anfangswert, Endwert, Schrittweite = numerische Ausdrücke
Der Teil STEP Schrittweite darf weggelassen werden, wenn
Schrittweite = 1 ist.

Die Wirkungsweise dieser Anweisung und die damit möglichen
Strukturen wurden bereits auf S. 43 ff beschrieben. Nach dem
normalen Verlassen der Schleife beträgt der Wert der Laufvariablen = Endwert + Schrittweite ! Die volle Wirksamkeit ent-
faltet diese Anweisung erst im Zusammenhang mit den in Abschn.
6 behandelten Bereichen.

<u>Beispiel 20.</u> <u>Programmieren einer Schleife.</u>
Die drei folgenden Programme haben die gleiche Wirkung.

Wiederholungsschl.	Bedingungsschl.	Zählschleife
10 I = -10	10 I = -10	10 FOR I = -10 TO 10
20 PRINT 10 ∧ I	20 WHILE I <= 10	20 PRINT 10 ∧ I
30 I = I + 1	30 PRINT 10 ∧ I	30 NEXT I
40 IF I <= 10	40 I = I + 1	40 END
THEN GOTO 20	50 WEND	
50 END	60 END	

Weil in der PRINT-Anw. kein Trennzeichen steht, werden alle
Zahlen untereinander ausgegeben.

5.7.4 <u>Verteileranweisung</u>

Mit dieser Anweisung wird eine Verzweigung mit beliebig vielen
Ausgängen realisiert (s.Bild 7, S. 37). Sie hat die Form

$$\boxed{\text{ON num. Ausdruck GOTO } n_1,\ n_2,\ \ldots\ n_j,\ \ldots}$$

n_j = beliebige Anweisungsnummer mit j = 1, 2, ...
Der numerische Ausdruck ist meist eine Variable, der der ganze
positive Wert j zugewiesen wurde. Andernfalls wird der Ausdruck
berechnet und mit den INT- und ABS-Funktionen ein ganzer pos.
Wert erzeugt. Es wird zur Anweisung n_j verzweigt.

Beispiel: 110 I = 3
              120 ON I GOTO 180, 40, 50, 40

Als nächstes wird die Anw.Nr. 50 ausgeführt. Siehe auch Beisp.
28, S. 102.

5.8 SONSTIGE ANWEISUNGEN

CLS	Löscht den Bildschirm
CONT	s. STOP
END	Letzte Anweisung jedes Hauptprogramms. Sie darf nur einmal im Programm auftreten.

| REM Text |

Kommentaranweisung. Der Text wird mit der Liste des Programms ausgegeben, aber bei der Ausführung des Programms nicht beachtet. Statt REM darf gemäß der Norm ! benutzt werden, beim IBM PC ′ . Dieses Zeichen mit folgendem Text darf beim IBM PC auch im Anschluß an eine andere Anweisung geschrieben werden.

| STOP |

Gemäß der Norm wird das Programm abgebrochen, d.h. es erfolgt ein Sprung zu END. Diese Anweisung darf mehrfach im Programm auftreten.

Beim IBM PC wird das Programm nur unterbrochen und die Anw.Nr. der STOP-Anweisung wird angezeigt. Das Programm kann mit einem manuell einzugebenden CONT fortgesetzt werden. Dies ist sehr nützlich zum Testen von Programmen. Man fügt an kritischen Stellen diese STOP-Anweisung ein und sieht, ob sie überhaupt erreicht wird oder läßt sich nach dem Stop durch manuell eingegebene PRINT-Befehle die Werte kritischer Variabler ausgeben.

5.9 BEISPIELE

Nun werden die BASIC Programme zu den Beispielen des Abschn. 4.3 gezeigt. Dabei werden aber nur noch Erläuterungen zu BASIC-Regeln gegeben. Für die Problemstellung und Programmstruktur wird auf Abschn. 4.3 verwiesen. Die Ergebnisse werden nur bei den ersten Beispielen und dann angegeben, wenn sich bei der Ausgabe besondere Probleme ergeben.

Beispiel 21. Sortieren von drei Zahlen (Plan Beisp. 4, S. 53)

Da die Unterprogramme erst in Abschn. 7 behandelt werden, befinden sich in jeder Masche drei Tauschanweisungen.

```
Ok
RUN
DREI ZAHLEN EINGEBEN,
RETURN-TASTE DRUECKEN.
? 2, -1, 5
-1   2   5
Ok
```

```
10  'BEISP. 21, DATEI B21SORT1
20  PRINT "DREI ZAHLEN EINGEBEN,
            RETURN-TASTE DRUECKEN."
30  INPUT A, B, C
40  IF A <= B THEN GOTO 60
50    H = A : A = B : B = H
60  IF A <= C THEN GOTO 80
70    H = A : A = C : C = H
80  IF B <= C THEN GOTO 100
90    H = B : B = C : C = H
100 PRINT A; B; C
110 END
```

Beispiel 22. __Funktionstafel.__ (Plan Beisp. 5, S. 55).

```
10   'BEISP. 22, FUNKTIONSTAFEL.   DATEI B22FKT
20   PRINT " X       X^2     X^3"
30   PRINT : FORMAT$ = "##.#  ##.##  ##.##"
40   'BEGINN DER SCHLEIFE
50   FOR X=1 TO 2 STEP .1
60     Y1=X*X : Y2=Y1*X
70     PRINT USING FORMAT$; X; Y1; Y2
80   NEXT X
90   END
```

Der Wert $X = 2$ wird infolge Rundungsfehlern nicht erreicht. In Anw.Nr. 50 sollte deshalb als obere Grenze 2.05 stehen.

Ausgabe Produktsumme:

```
Ok
RUN
   X       X^2     X^3

  1.0     1.00    1.00
  1.1     1.21    1.33
  1.2     1.44    1.73
  1.3     1.69    2.20
  1.4     1.96    2.74
  1.5     2.25    3.38
  1.6     2.56    4.10
  1.7     2.89    4.91
  1.8     3.24    5.83
  1.9     3.61    6.86
Ok
```

```
      A  B
   ?  2, 1
   ?  3, 2
   ?  0, 0

   S =  8        N =  2
   Ok
```

Beispiel 23. __Produktsumme.__ (Plan Beisp. 6, S. 56)

```
10   'BEISP.23, PRODUKTSUMME, DATEI B23SUM1
20   PRINT " A  B"
30   INPUT A, B
40   IF A=0 AND B=0 THEN GOTO 60
50     S = S + A*B : N = N + 1 : GOTO 30
60   PRINT : PRINT "S = "; S, "N = "; N
70   END
```

Beispiel 24. __Hyperbelfunktionen.__ (Plan Beisp. 7, S. 58)

Die erste Seite der Ausgabe befindet sich auf S. 57.

```
10   'BEISP.24, HYPERBELFKT, DATEI B24HYPFK
20     TEXT$ = "    X        SINH(X)       COSH(X)        TANH(X)            X"
30   FORMAT$ = "####.## #####.#### #####.#### #####.###### ####.##"
40   'SCHLEIFE FUER DAS PROGRAMM
50     FOR I = 1 TO 10
60       LPRINT CHR$(27) : LPRINT CHR$(12) 'SEITENVORSCHUB
70       LPRINT  TEXT$ : LPRINT
80   'SCHLEIFE FUER EINE SEITE                140   LPRINT USING FORMAT$;
90     FOR J = 1 TO 5                                X, Y1, Y2, Y3, X
100  'SCHLEIFE FUER EINEN BLOCK                150   X = X + .01
110  FOR K = 1 TO 10                           160   NEXT K
120    Z1 = EXP(X) : Z2 = 1/Z1                 170   LPRINT
130    Y1 = .5*(Z1-Z2) :                       180   NEXT J
       Y2 = Y1+Z2 : Y3 = Y1/Y2                 190   LPRINT TEXT$
                                               200   NEXT I
                                               210   END
```

Beispiel 25. <u>Nullstelle einer Funktion</u>. (Plan Beisp. 8, S.59).

```
10 'BEISP. 25, NULLSTELLE. DATEI B25NULL1
20 DATA 0, -1, 1 : READ X1, Y1, X2
30 'BEGINN DER SCHLEIFE
40 X = .5*(X1+X2) : Y = X*X+EXP(X)-2
50 IF ABS((X2-X1)/X2) < .00001 THEN GOTO 80
60   IF SGN(Y) = SGN(Y1) THEN X1 = X
                         ELSE X2 = X
70 GOTO 30
80 PRINT "NULLSTELLE = "; X
90 END
```

```
Ok
RUN
NULLSTELLE =   .5372753
Ok
```

Beispiel 26. <u>Lösen einer quadratischen Gleichung</u>. (Plan Beisp. 9, S. 63).

```
10 'BEISP. 26, QUAD. GL. DATEI B26QUGL
20 'BENUTZERANLEITUNG UND DATENEINGABE
30  CLS : PRINT "              LOESUNGEN EINER QUADR. GLEICHUNG"
40  PRINT : PRINT "                 A*X*X + B*X + C = 0" : PRINT
50  PRINT : PRINT : PRINT "GEBEN SIE DIE KOEFFIZIENTEN A, B, C EIN
60  PRINT "A = B = C = 0 IST PROGRAMMENDE."
70  INPUT A, B, C : PRINT
80 'FALLUNTERSCHEIDUNGEN
90  IF A=0 AND B=0 AND C=0 THEN GOTO 230
100   IF A=0 AND B=0 AND C<>0 THEN GOTO 220
110    IF A=0 AND B<>0 THEN GOTO 190
120 'REELLE LOESUNGEN
130 REZ = -B/(2*A) : RAD = (B*B - 4*A*C)/(4*A*A) :
    IMZ = SQR(ABS(RAD))
140 IF RAD < 0 THEN GOTO 170
150  X1 = REZ + IMZ : X2 = REZ - IMZ
160   PRINT "REELLE LOESUNGEN  X1 = "; X1; "  X2 = "; X2 : GOTO 50
170 'KOMPLEXE LOESUNGEN
180 PRINT "KOMPLEXE LOESUNGEN  X1,2 = "; REZ; " +- "; IMZ; " * J"
    GOTO 50
190 'LINEARE GLEICHUNG
200 X = -C/B : PRINT "LINEARE LOESUNG  X = " ; X : GOTO 50
210 'WIDERSPRUCH UND ENDE
220 PRINT "W I D E R S P R U C H !" : GOTO 50
230 PRINT : PRINT "G O O D B Y E "
240 END
```

```
RUN

          LOESUNGEN EINER QUADR. GLEICHUNG

             A*X*X + B*X + C = 0



GEBEN SIE DIE KOEFFIZIENTEN A, B, C EIN.
A = B = C = 0 IST PROGRAMMENDE.
? 1, 2, -8

REELLE LOESUNGEN  X1 =  2    X2 = -4
```

Beispiel 27. Numerische Differentiation. (Plan Beisp. 10, S.65).
Als zu differenzierende Funktion wurde $y = \sqrt{x}$ gewählt. Mit
der in Abschn. 7.1 erläuterten Funktionsanweisung kann das
Programm in der gleichen allgemeinen Form geschrieben werden
wie der Plan.

```
10    'BEISP. 27, NUM. DIFFERENZIEREN. DATEI B27DIFF
20    DATA .1, 1 : READ DXH, AALT
30    INPUT "X1 EINGEBEN"; X1
40    'BEGINN DER SCHLEIFE
50    DY = SQR(X1+DXH) - SQR(X1-DXH) : ANEU = DY/(2*DXH)
60    EPS = ABS((ANEU-AALT)/ANEU) : AALT = ANEU : DXH = .5*DXH
70    IF EPS > .00001 THEN GOTO 40
80    PRINT "X1 = "; X1; "   1.ABL. = "; ANEU
90    END
```

Beispiel 28. Flächenmomente von Profilen. (Plan Beisp. 11, S.67).

```
10   'BEISP. 28, FLAECHENMOMENTE. DATEI B28MOM
20   CLS : PRINT "BERECHNUNG VON FLAECHENMOMENTEN, DIE NACHSTEHENDEN"
30   PRINT "WERTE EINGEBEN, NACH JEDER ZAHL ENTER TASTE. TYP = 0 IST"
40   PRINT "PROGRAMMENDE." : PRINT : PRINT
50   PRINT "        FLAECHENMOMENTE VON PROFILEN" : PRINT
60   PRINT " TYP      GRB      KLB       GRH       KLH       A        D
70   PRINT : ZEILE = 10
80   LOCATE ZEILE,3 : INPUT"",TYP : IF TYP = 0 THEN GOTO 200
90   LOCATE ZEILE,8 :  INPUT "".GRB : LOCATE ZEILE,16 :  INPUT "",KLB
100  LOCATE ZEILE,24 : INPUT "",GRH : LOCATE ZEILE,32 : INPUT "",KLH
110  LOCATE ZEILE,40 : INPUT "",A :    LOCATE ZEILE,48 : INPUT "",D
120  I = .0833333*GRB*GRH^3 : S = .0833333*KLB*KLH^3
130  ON TYP GOTO 180, 140, 150, 160
140  I = I - S : GOTO 180
150  I = I + S : GOTO 180
160  E1 = (A*GRH^2 + KLB*D^2)/(2*(A*GRH + KLB*D)) : E2 = GRH - E1
170  I = .333333*(GRB*E1^3 - KLB*KLH^3 + A*E2^3)
180  LOCATE ZEILE,56 : PRINT USING "########"; I
190  ZEILE = ZEILE + 1 : GOTO 80
200  PRINT : PRINT "PROGRAMMENDE" : END
```

```
BERECHNUNG VON FLAECHENMOMENTEN, DIE NACHSTEHENDEN
WERTE EINGEBEN, NACH JEDER ZAHL ENTER TASTE. TYP = 0 IST
PROGRAMMENDE.
```

Durch die LOCATE-Anw. wird der
Zeiger stets an die "richtige"
Stelle des Bildschirms gesetzt.

FLAECHENMOMENTE VON PROFILEN

TYP	GRB	KLB	GRH	KLH	A	D	I
1	2.00	0.00	5.00	0.00	0.00	0.00	21
1	99.00	0.00	99.00	0.00	0.00	0.00	8004963
3	20.00	10.00	50.00	20.00	0.00	0.00	215000
4	20.00	10.00	50.00	20.00	10.00	10.00	116960
0							

PROGRAMMENDE

5.10 AUFGABEN

17. Die folgenden <u>Ausdrücke</u> sind in BASIC zu schreiben.

a) $\dfrac{b}{a}\sqrt{a^2 - b^2}$

b) $\dfrac{\sqrt[2]{a} + \sqrt[3]{b}}{\sqrt[4]{c}}$

c) $\dfrac{a}{1 + \dfrac{b}{2 + \dfrac{c}{3 + d}}}$

d) $\arctan(\dfrac{\sqrt{1 - x^2}}{x})$

e) $0.5\,\ln(\dfrac{1 + x}{1 - x})$

f) $\dfrac{c^2\,h}{\lambda^5\left[\exp(\dfrac{c\,h}{k\,T\,\lambda}) - 1\right]}$

g) $A\sqrt{\dfrac{p_0\,m}{v_0}\ \dfrac{2\,\varkappa}{\varkappa - 1}\left[(\dfrac{p_1}{p_0})^{2/\varkappa} - (\dfrac{p_1}{p_0})^{(\varkappa + 1)/\varkappa}\right]}$

18. In welcher Form werden die Werte von A, B\$ und C durch die Anweisungen Nr. 30, 40 und 60 ausgegeben ?

```
10   'AUFG.18 AUSGABE, DATEI A18DRU
20   A = 10 : B$ = "ABC" : C = 0.25
30   PRINT A, B$; : PRINT C
40   PRINT A; B$ : PRINT C
50   FORMAT$ = "##   &   ##^^^^"
60   PRINT USING FORMAT$; A, B$, C
70   END
```

Zu Aufg. 19.

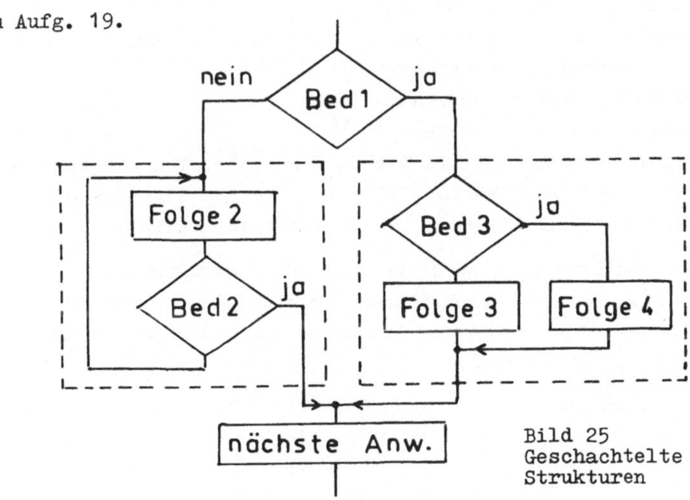

Bild 25
Geschachtelte
Strukturen

19. Für den Plan in Bild 25 schreibe man einen entsprechenden
Programmausschnitt wie auf S. 97. Die verschiedenen Folgen bestehen jeweils aus mehreren numerierten Anweisungen.

20. Welche Werte haben die Variablen I, J, K, L und M nach Verlassen der nebenstehenden Schleifen ?

Für die Aufgaben 11 bis 16 des
Abschn. 4.4 sind BASIC Programme
zu schreiben. Die Aufgabenstellung
und Hinweise sind jenem Abschnitt
zu entnehmen.

```
10    'AUFG. 20, DATEI A20SCHL
20    M = 0
30    FOR I = 1 TO 10
40      J = I
50      FOR K = 5 TO 0 STEP -1
60        L = K : M = M+1
70      NEXT K
80    NEXT I
90    PRINT I; J; K; L; M
100 END
```

21. Größter gemeinsamer Teiler.
22. Binomialkoeffizient.
23. Rechtwinklige in Polarkoordinaten.
24. Stückweise stetige Funktion.
25. Extremwerte einer Funktion.
26. Normalverteilung und Integralfunktion.

27. Für beliebige einzugebende
Kreisradien sind jeweils Umfang
und Fläche zu berechnen und in
der nebenstehenden Form auf dem
Bildschirm auszugeben. Programmende: Eingabe eines negativen

```
     RADIUS      UMFANG      FLAECHE
?     1.00        6.283         3.142
?    10.00       62.832       314.159
?     0.25        1.571         0.196
?    -1.00

PROGRAMMENDE
Ok
```

Radius. Das Problem liegt in der Datenausgabe. Der eingegebene
und die auszugebenden Werte sollen in einer Zeile ausgegeben
werden und die Dezimalpunkte in der gleichen Spalte liegen.

28. Es sind Programme zu schreiben, mit denen die Zahlen
10 12 ... 36 38 erzeugt und in der folgenden Form ausgegeben werden. Die Angabe der Druckposition bezieht sich auf
die Einerstelle der Zahl.

Druckposition Nr.	5	10	15	20	25
1. Zeile	10	12	14	16	18
2. Zeile	20	22	24	26	28
3. Zeile	30	32	34	36	38

a) Mit der TAB-Funktion   b) Mit der PRINT USING Anweisung

6   BEREICHE. TEXTVERARBEITUNG

6.1 BEREICHE

Bei den bisher benutzten einfachen Variablen erhält jede Speicherzelle einen anderen Variablennamen. Es gibt nun viele Probleme, die sich mit dieser Regel nur sehr umständlich, oder
überhaupt nicht lösen lassen. Dazu gehören z.B. die Ein- und
Ausgabe größerer Datenmengen, oder alle mathematischen Probleme, bei denen mit Indizes gerechnet wird, wie z.B. in der linearen Algebra.

> Definition: Ein Bereich[1] (array) ist eine Menge von Daten,
> die unter einem gemeinsamen Namen, dem Bereichsnamen, zu-
> sammengefaßt werden. Ein Element dieser Menge heißt eine
> indizierte Variable. Sie besteht aus dem Bereichsnamen und
> einem Klammerpaar, das einen oder mehrere, durch Kommata
> getrennte Indizes enthält.
>
> Ein Bereich mit einem Index wird in der Mathematik oft als
> Vektor, in der kaufmännischen DV als Liste; ein Bereich
> mit zwei Indizes als Matrix, bezw. als Tabelle bezeichnet.

Beispiel: A(I,K)   LISTE\$(5)   sind indizierte Variable

Bereiche müssen vor ihrer ersten Benutzung (wegen der damit
erzielten Übereinstimmung mit anderen Programmiersprachen am
besten am Programmanfang) durch folgende Anweisung deklariert
werden

$$\boxed{\text{DIM Bereichsname}(i_{max}\ [\ ,j_{max},\ \ldots\ ]\ )\ [,\ \ldots\ ]}$$

Bereichsname = Es gelten die gleichen Regeln wie für einfache
      Variable (s. Abschn. 5.2.2). Der gleiche Name
      darf innerhalb eines Programmes nur entweder
      für eine einfache Variable oder einen Bereich
      benutzt werden.

i_{max}, j_{max} = numerische Konstanten oder Variablen mit einem
      positiven, ganzzahligen Wert. Sie bedeuten die
      Maximalwerte der Indizes.

---

[1] In der deutschen Literatur wird statt "Bereich" oft der Begriff "Feld" gebraucht. Das kann aber zu Verwechslungen mit
einem Feld (field) eines Datensatzes führen (s.S. 91 u. 147).

Bei vielen Rechnern ist die untere Indexgrenze Null, sofern nicht die folgende Anweisung benutzt wird, mit der für alle Bereiche die untere Grenze gleich Eins gesetzt wird. Sie muß vor der DIM-Anweisung stehen.

$$\boxed{\text{OPTION BASE 1}}$$

Gemäß der Norm ist ohne OPTION BASE die untere Grenze gleich Eins und kann mit dieser Anweisung gleich Null gesetzt werden.

Durch die DIM-Anweisung wird für die Bereiche Speicherplatz reserviert. Die Möglichkeit als obere Indexgrenzen Variablen zu benutzen, wird als dynamische Dimensionierung bezeichnet. Sie ist nicht genormt, aber auf vielen Rechnern ausführbar. Dadurch kann der zu reservierende Speicherplatz dem jeweiligen Problem angepaßt werden, indem die betr. Werte der Variablen vor der DIM-Anweisung eingelesen werden. Wenn diese dynamische Dimensionierung nicht möglich ist, müssen die entsprechenden Werte der Konstanten vom Programmierer geschätzt werden. Gemäß der Norm dürfen innerhalb der DIM-Anweisung die untere und obere Grenze der Indizes in der Form $(i_{min} \text{ TO } i_{max}, \ j_{min} \text{ TO } j_{max})$ als Konstanten angegeben werden (beim IBM PC nicht zulässig). Gemäß der Norm sind maximal 3 Indizes zulässig, beim IBM PC bis zu 255.

```
Beispiel:   10   INPUT M, N
            20   OPTION BASE 1  :  DIM VEKT(3), MATR(M,N),
                                   LISTE$(100)
```

Es werden ein Vektor mit drei Komponenten (ein Index !), eine Matrix mit m Zeilen und n Spalten sowie ein Textbereich für 100 Elemente deklariert. Die Anzahl der Zeichen in den einzelnen Textelementen ist variabel (s.S. 76).

Nachdem die Reservierung der Speicherzellen erfolgt ist, dürfen im weiteren Verlauf des Programms als Indizes numerische Ausdrücke benutzt werden. Meist sind es positive ganze Konstanten oder Variablen. Andernfalls werden die Ausdrücke berechnet und mit den INT- und ABS-Funktionen ganze positive Werte erzeugt. Die Indizes stehen oft mit der Laufvariablen der FOR-NEXT Anweisung in Beziehung.

Beispiel 29. <u>Produktsumme mit Bereichen.</u>
Im Unterschied zu Beisp. 23, S. 100 wird hier das Zählen der
Summanden mit einer FOR-NEXT Schleife durchgeführt. Vor allem
aber stehen nach Durchführung dieses Programms alle eingelesene Werte in den Bereichen A und B für weitere Rechnungen
zur Verfügung. In einer Benutzeranleitung wäre zu erwähnen,
daß maximal 100 Wertepaare eingegeben werden dürfen. - Falls
es genau 100 sind, wird die Schleife nach dem letzten Wertepaar automatisch verlassen, auch dann ist die Anzahl der
Summanden $N = I - 1$.

```
10 'BEISP.29, PRODSUM, DATEI B29SUM2
20  OPTION BASE 1 : DIM A(100), B(100)
30 S = 0
40 FOR I = 1 TO 100
50   INPUT A(I), B(I)
60   IF A(I)=0 AND B(I)=0 THEN GOTO 90
70    S = S + A(I)*B(I)
80 NEXT I
90   PRINT "S = "; S; "  N = "; I-1
100 END
```

Beispiel 30. <u>Ein- und Ausgabe von Bereichen.</u>
Die Dateneingabe erfolgt der Deutlichkeit halber mit der READ-
DATA Anweisung. Im ersten Programmteil werden die im Prinzip
beliebig vielen Elemente einer Textliste in Zeilen zu je 5
Elementen ausgegeben. Der gewünschte Effekt wird durch den
ELSE-Zweig der Anw. Nr. 140 erreicht.

```
10 'BEISP. 30, E/A BEREICHE. DATEI B30PRIN3
20 'EIN- UND AUSGABE EINER LISTE
30   DATA 11, ANTON, BERTA, CAESAR, DORA, EMIL,
             FRIEDRICH, GUSTAV, HEINRICH, IDA, JOTA, KARL
40   READ N
50   OPTION BASE 1 : DIM LISTE$(N)
60   'EINGABE
70   FOR I = 1 TO N
80    READ LISTE$(I)
90   NEXT I
100  'AUSGABE
110 FORMAT$ = "\          \" : J = 0
120 FOR I = 1 TO N
130   J = J + 1
140   IF J<=5 THEN PRINT USING FORMAT$; LISTE$(I);
             ELSE PRINT : J = 0 : I = I-1
150 NEXT I
160 PRINT : PRINT
```

Der zweite Teil zeigt die Ein- und Ausgabe einer (m,n)-Matrix.
Dabei wird vorausgesetzt, daß eine Matrixzeile in einer Druck-
zeile Platz hat. Der Beginn einer neuen Druckzeile wird mit
Anw.Nr. 320 erreicht.

```
190 'EINGABE                    270 'AUSGABE
200 DATA 2, 3, 1, 2, 3,         280 FOR I = 1 TO M
              4, 5, 6           290  FOR K = 1 TO N
210 READ M, N : DIM A(M,N)      300   PRINT USING "###.#####"; A(I,K
220 FOR I = 1 TO M              310  NEXT K
230  FOR K = 1 TO N             320  PRINT
240   READ A(I,K)              330 NEXT I
250  NEXT K                     340 END
260 NEXT I                      Ok


RUN
ANTON      BERTA      CAESAR    DORA      EMIL
FRIEDRICH  GUSTAV     HEINRICH  IDA       JOTA
KARL

   1.00000  2.00000  3.00000
   4.00000  5.00000  6.00000
Ok
```

Beispiel 31. Horner-Schema. Es ist eine Tafel einer ganzen
rationalen Funktion

$$y = a_0 + a_1 x + a_2 x^2 + \ldots + a_n x^n \qquad n \leq 20$$

und ihrer Ableitung zu berechnen und zu drucken. Eingabe:
Anfangswert x_{min}, Endwert x_{max}, Schrittweite Δx der Tafel,
Grad n des Polynoms sowie alle Koeffizienten in aufsteigender
Folge. Die gewünschte Form der Ausgabe ergibt sich aus der
folgenden Tafel

```
        TAFEL EINER GANZEN RATIONALEN FUNKTION

        KOEFFIZIENTEN IN AUFSTEIGENDER FOLGE

     6              -5              -2              1

         X               Y               1.ABL.

     -3.00          -24.00000         34.00000
     -2.50           -9.62500         23.75000
     -2.00            0.00000         15.00000
     -1.50            5.62500          7.75000
     -1.00            8.00000          2.00000
     -0.50            7.87500         -2.25000
      0.00            6.00000         -5.00000
```

Das Horner Schema zur Berechnung des Funktionswertes y_1 und der 1. Ableitung y_1' an der Stelle x_1 lautet in der üblichen Form

$$
\begin{array}{cccccc}
a_n & a_{n-1} & a_{n-2} & \cdots & a_1 & a_0 \\
    & x_1\,p_n & x_1\,p_{n-1} & \cdots & x_1\,p_2 & x_1\,p_1 \\
\hline
p_n & p_{n-1} & p_{n-2} & \cdots & p_1 & p_0 = y_1 \\
    & x_1\,abl_n & x_1\,abl_{n-1} & \cdots & x_1\,abl_2 & \\
\hline
abl_n & abl_{n-1} & abl_{n-2} & & abl_1 = y_1' &
\end{array}
$$

Für die p_i-Werte unter dem 1. Strich ergibt sich daraus das Bildungsgesetz

$$p_i = a_i + x_1\,p_{i+1} \qquad \text{mit } i = n-1,\ n-2,\ ..\ 0$$

Der erste Wert p_n kann nicht nach diesem Bildungsgesetz berechnet werden. Dies ergibt als Kern des Programmes die Anw.Nr. 170 bis 190. Entsprechend könnte man für die abl_i-Werte unter dem 2. Strich ebenfalls einen Bereich vorsehen. Eine genauere Analyse zeigt aber, daß dies nicht notwendig ist, weil diese Werte im Unterschied zu den p_i-Werten anschließend nicht mehr benötigt werden. Es können also alle Werte nacheinander in einer Zelle gespeichert werden. Hieraus erhält man die Anweisungen Nr. 210 bis 230.

Um diesen Kern baut sich das weitere Programm relativ einfach auf. Die Anw. 160 bis 250 bilden die Schleife für alle x-Werte. Der Programmanfang umfaßt die Benutzeranleitung sowie das Einlesen und Drucken der Koeffizienten.

```
10   'BEISP. 31, HORNER SCHEMA,  DATEI B31HORN
20   DIM A(20), P(20)
30   'UEBERSCHRIFT UND KOEFFIZIENTEN
40   CLS : INPUT "GRAD, XMIN, XMAX, DX"; N, XMIN, XMAX, DX
50   PRINT "KOEFFZ. IN AUFSTEIGENDER FOLGE EINGEBEN, NACH JEDEM ENTER
60   LPRINT "   TAFEL EINER GANZEN RATIONALEN FUNKTION" : LPRINT
70   LPRINT "     KOEFFIZIENTEN IN AUFSTEIGENDER FOLGE" : LPRINT
80   FOR I = 0 TO N
90   INPUT A(I) : LPRINT A(I),
100  NEXT I
110  LPRINT : LPRINT
120  LPRINT "       X          Y              1.ABL." : LPRINT
```

```
130 ' HORNER SCHEMA
140 FORMAT$ = "   ###.##      #####.#####    #####.#####"
150 P(N) = A(N)
160 FOR X = XMIN TO XMAX STEP DX
170   FOR I = N-1 TO 0 STEP -1
180     P(I) = A(I) + X * P(I+1)
190   NEXT I
200   ABL = A(N)
210   FOR J = N-1 TO 1 STEP -1
220     ABL = P(J) + X * ABL
230   NEXT J
240   LPRINT USING FORMAT$; X, P(0), ABL
250 NEXT X
260 END
```

Das nächste Beispiel zeigt eine häufige Aufgabe: das Berechnen und Drucken einer Funktion von zwei unabhängigen Variablen.
Bei Tischrechnern empfiehlt sich das hier gezeigte Verfahren,
die Funktionswerte zeilenweise zu berechnen und zu drucken.
Bei Rechenanlagen wird oft zunächst die gesamte Matrix berechnet und anschließend gedruckt. Im Mehrprogrammbetrieb
(s.S. 30) kann dann während des Druckens bereits das nächste
Programm verarbeitet werden. (s. Aufg. 34, S. 131).

Beispiel 32. Metergewicht_von_Stahlrohr.
Für das Gewicht G eines Stahlrohrs von 1 m Länge gilt die folgende Zahlenwertgleichung

$$G(s, d) = 0.2422 \, s \, (d - s)$$

$$\text{wenn } s < d/2$$

G Gewicht in N
s Wandstärke in mm
d Außendurchmesser in mm

Für die Wertebereiche

$$2 \text{ mm} \leq s \leq 10 \text{ mm} \quad \Delta s = 2 \text{ mm}$$
$$10 \text{ mm} \leq d \leq 100 \text{ mm} \quad \Delta d = 10 \text{ mm}$$

ist eine Tafel der nachstehenden Form zu berechnen und zu
drucken.

Auch bei diesem Programm empfiehlt es sich, von innen nach
außen zu arbeiten. Die zentrale Anweisung ist die gegebene
Gleichung zum Berechnen des Gewichts. Da die G_k-Werte einer
Zeile zusammen gedruckt werden, wird hierfür ein Bereich definiert. Auch für die s_k-Werte ist ein Bereich zweckmäßig,
weil sie sich in jeder Zeile wiederholen. Der d-Wert hingegen

ist für jede Zeile konstant, deshalb genügt eine einfache Variable. So gelangt man zur Anw.Nr. 170. Mit Anw. Nr. 160 wird geprüft, ob s $\geq$ d/2 ist. Bei "ja" wird aus der Schleife für eine Zeile herausgesprungen.

```
10   'BEISP. 32, METERGEW. VON STAHLROHR. DATEI B32GEW1
20   OPTION BASE 1 : DIM S(5), G(5)
30   'UEBERSCHRIFT
40   FORMAT$ = "   #####.##"
50   CLS : PRINT "            METERGEWICHT VON STAHLROHR IN N"
60   PRINT : PRINT "       S/MM";
70   FOR I = 1 TO 5
80    S(I) = 2*I : PRINT USING FORMAT$; S(I);
90   NEXT I
100  PRINT : PRINT "         D/MM"
110  'SCHLEIFE FUER DAS PROGRAMM
120  FOR J = 1 TO 10
130   D = 10 * J
140  'SCHLEIFE FUER EINE ZEILE
150   FOR K = 1 TO 5
160    IF S(K) >= .5*D THEN GOTO 190
170     G(K)= .2422*S(K)*(D-S(K))
180   NEXT K
190   PRINT USING FORMAT$; D;
200   FOR I = 1 TO K-1
210    PRINT USING FORMAT$; G(I);
220   NEXT I
230   PRINT
240  NEXT J
250  END
```

```
RUN
            METERGEWICHT VON STAHLROHR IN N

     S/MM       2.00       4.00        6.00        8.00       10.00
     D/MM
    10.00       3.88       5.81
    20.00       8.72      15.50       20.34       23.25
    30.00      13.56      25.19       34.88       42.63       48.44
    40.00      18.41      34.88       49.41       62.00       72.66
    50.00      23.25      44.56       63.94       81.38       96.88
    60.00      28.10      54.25       78.47      100.76      121.10
    70.00      32.94      63.94       93.00      120.13      145.32
    80.00      37.78      73.63      107.54      139.51      169.54
    90.00      42.63      83.32      122.07      158.88      193.76
   100.00      47.47      93.00      136.60      178.26      217.98
Ok
```

<u>Beispiel 33</u>. <u>Sortieren von n Zahlen</u>.
Für dieses z.B. in der Statistik häufige Problem wird hier
eine verhältnismäßig anschauliche Lösung gezeigt, die allerdings nicht optimal ist. In Aufg. 33, S. 131 wird eine andere
Lösung des Sortierproblems behandelt.

Wie in Beisp. 4, S. 53 ausgeführt wurde, ist die dort gezeigte
Programmstruktur für größere Werte von n nicht brauchbar, es
müssen indizierte Variable benutzt werden. Der Grundgedanke des
folgenden Programms ist der gleiche wie in jenem Beispiel und
aus der folgenden Skizze ersichtlich.

Die hier benutzte manuelle Dateneingabe ist unrealistisch.
In der Praxis befinden sich derartige Daten auf einer externen
Datei, siehe Aufg. 46, S. 164.

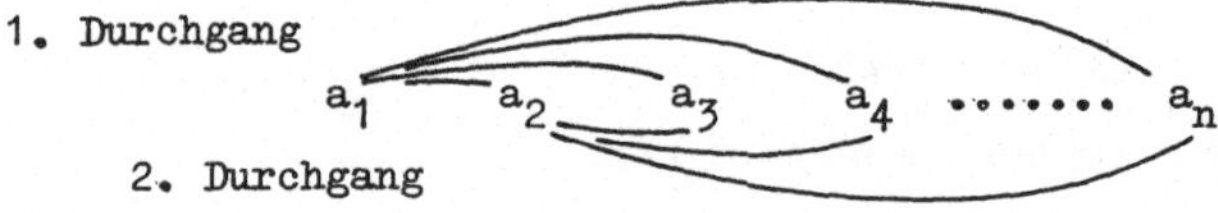

Zunächst wird der Inhalt der Zelle a_1 mit allen anderen verglichen und bei Bedarf getauscht. Nach diesem sog. 1. Durchgang steht in der Zelle a_1 die kleinste Zahl. Nun wird das
gleiche mit der Zelle a_2 wiederholt usw.

Wie der Plan in Bild 26 zeigt, kann dieser Gedanke durch
Schachteln zweier Schleifen realisiert werden. Der Deutlichkeit halber werden sie mit Verzweigungen dargestellt. Die Variation des Index k der inneren Schleife entspricht den Abfragen eines Durchgangs, die Variation des Index j der äußeren
Schleife den verschiedenen Durchgängen. Die innere Schleife
muß auf "kleiner oder gleich" abgefragt werden, die äußere
auf "kleiner als".

Weil die a_i-Werte im Programm einen Bereich bilden, ist es
zweckmäßig, die Schleifenanweisung zu benutzen. Die äußere
Schleife läuft von j = 1 bis n-1. Für die innere Schleife er-

gibt sich für den Endwert k_{max} der Laufvariablen

$$\text{aus} \quad j + k \leq n \qquad k_{max} = n - j$$

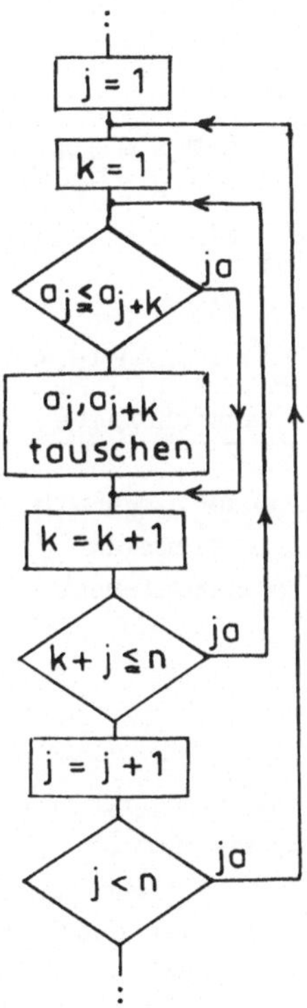

Bild 26
Sortieren von n Zahlen

```
10   'BEISP. 33, SORTIEREN. DATEI B33SORT2
20   OPTION BASE 1 : DIM A(100)
30   'LESESCHLEIFE MIT DATENENDABFRAGE
40   FOR I = 1 TO 100
50     INPUT X
60     IF X > 1E+10 THEN GOTO 90
70     A(I) = X
80   NEXT I
90   N = I -1
100  PRINT "      "; N; " UNSORTIERTE ZAHLEN"
                                      : PRINT

110  FOR I = 1 TO N
120    PRINT A(I);
130  NEXT I
140  PRINT   : PRINT
150  'SORTIEREN
160  FOR J = 1 TO N-1
170    FOR K = 1 TO N-J
180      IF A(J) <= A(J+K) THEN GOTO 200
190        H = A(J) : A(J) = A(J+K) : A(J+K) = H
200    NEXT K
210  NEXT J
220  PRINT "      "; N; "  SORTIERTE ZAHLEN"
                                      : PRINT

230  FOR I = 1 TO N
240    PRINT A(I);
250  NEXT I
260  PRINT
270  END


RUN
? 2
? 1
? -1
? 5
? 2E10
     4   UNSORTIERTE ZAHLEN

 2   1  -1   5

     4    SORTIERTE ZAHLEN

-1   1   2   5
Ok
```

Matrizenrechnung

Gemäß der Norm gibt es die folgenden Anweisungen. Dabei bedeuten A, B, C Bereichsnamen und X der einer einfachen Variablen. Mit diesen Anweisungen darf nur jeweils eine Operation
durchgeführt werden. Eine Anweisung 100 MAT C = A + B * D
wäre falsch.

Nullmatrix	MAT A = ZER	Einsmatrix	MAT A = IDN
Gleichsetzen	MAT B = A	Transponieren	MAT B = TRN(A)
Addieren auch - zulässig	MAT C = A + B	Multiplizieren mit einem Faktor	MAT B = (X) * A
Multiplizieren	MAT C = A * B	Invertieren	MAT B = INV(A)
Determinante einer Matrix	X = DET(A)	skalares Produkt zweier Vektoren	X = DOT(A,B)
Ein- und Ausgabe	MAT E/A Anweisung	Liste von Bereichsnamen	

Auf dem IBM PC sind diese Anweisungen nicht vorhanden. Deshalb
zeigt das folgende Beispiel einen Programmausschnitt zur Ma-
trizenmultiplikation und Aufg. 35, S. 131 das Transponieren.

Beispiel 34. Matrizenmultiplikation.

Die Produktmatrix C kann nur gebildet werden, wenn die Spaltenzahl n_A der Matrix A gleich der Zeilenzahl m_B der Matrix
B ist. Diese Voraussetzung wird hier nicht geprüft. Die Matrix C hat m_A Zeilen und n_B Spalten. Ein Element c_{ik} ist das
skalare Produkt der i-ten Zeile von A mit der k-ten Spalte
von B

$$c_{ik} = \sum_{j=1}^{n_A} a_{ij}\, b_{jk}$$

Daraus erhält man den nebenstehenden Programmausschnitt. Mit der
innersten Schleife mit dem Index J
wird jeweils ein Element C(I,K) berechnet. Mit der mittleren Schleife
mit dem Index K wird jeweils eine
Zeile der Produktmatrix gebildet.

```
170 FOR I = 1 TO MA
180   FOR K = 1 TO NB
190     C(I,K) = 0
200     FOR J = 1 TO NA
210       C(I,K) = C(I,K)
                + A(I,J)*B(J,K)
220     NEXT J
230   NEXT K
240 NEXT I
```

6.2 TEXTVERARBEITUNG

Text besteht aus Zeichenketten (strings). Jedes Zeichen wird
im ASCII (s. Anhang) in einem byte verschlüsselt. Im Abschn.
5.2 wurden bereits Textkonstanten- und -variablen behandelt.
Es sei wiederholt, daß die Variablen (auch gemäß der Norm)
eine variable Länge haben, d.h. es werden nur soviele Zeichen
gespeichert wie die Größe bei der Ausführung der betr. Anweisung enthält. Dieses Verfahren bringt für die einfache Textverarbeitung manche Vorteile, bei der Dateiverarbeitung ergeben sich daraus hingegen Komplikationen (s.Abschn. 8).

Im folgenden werden im wesentlichen <u>Textfunktionen</u> und ihre
Anwendung behandelt. Unter diesem Begriff werden streng genommen zwei Arten von Funktionen zusammengefaßt: Funktionen
deren Wert eine Textgröße ist und Funktionen, deren Argument
eine Textgröße, deren Wert aber eine numerische Größe ist.

Das folgende <u>Operationszeichen dient zur Verknüpfung</u> von mehreren Textgrößen

   Norm &   IBM PC +

> Definition: Ein <u>Textausdruck</u> besteht aus einer oder meh-
> reren mit dem vorstehenden Operationszeichen verknüpften
> Textkonstanten, -variablen und/oder dem Aufruf einer Text-
> funktion, deren Wert Text ist.

> Definition: Ein <u>Nullstring</u> enthält keine Zeichen. Ein
> <u>Teilstring</u> ist eine Teilmenge aufeinanderfolgender Zeichen
> eines Strings.

Ein Nullstring kann durch "" erzeugt werden. Er ist nicht mit
dem blank " " zu verwechseln.

Ein <u>Teilstring</u> wird wie folgt erzeugt:

   Norm | Name$(m : p) | Der Teilstring besteht aus dem

m-ten bis einschließlich p-ten Zeichen des Strings.

Beim <u>IBM PC ist dies nicht ausführbar</u>, sondern es gibt mehrere
Funktionen zur Erzeugung von Teilstrings, von denen hier nur
eine behandelt wird.

Die Funktion │ MID\$(Textausdruck, m, [n]) │ erzeugt einen Teil-
string.

m, n = numerische Konstante oder Variable mit einem positiven,
ganzzahligen Wert.

Der Teilstring beginnt mit dem m-ten Zeichen des Text-
ausdrucks und besteht aus n Zeichen. Wenn [ ] fehlt,
reicht der Teilstring bis zum Ende der Textvariablen.

<u>Beispiel 35. Textausdrücke.</u>

```
10  'TEXTAUSDRUECKE. DATEI B35TEXT
20  VORN$  = "WOLFGANG"
30  NACHN$ = " MUELLER"
40  TEXT$  = VORN$+NACHN$+" 11.12.65"
50  PRINT TEXT$
60  PRINT MID$(TEXT$,12,4)
70  END
```

```
RUN
WOLFGANG MUELLER 11.12.65
ELLE
Ok
```

<u>Beispiel 36. Textanalyse.</u>

Mit dem nebenstehenden Programmausschnitt wird aus einem aus N
Zeilen zu je 80 Zeichen bestehenden Text jedes einzelne Zeichen
in der Variablen TEST\$ gespei-
chert und kann von dort weiter
verarbeitet werden. Z.B. kann
die Häufigkeit der einzelnen
Zeichen gezählt werden.

```
100 FOR J = 1 TO N
110   FOR K = 1 TO 80
120     TEST$ =
        MID$(ZEILE$(J), K, 1)
130     ' Weitere Verarbeitung
500 NEXT K  :  NEXT J
```

<u>Achtung:</u> Die Benutzung des Variablennamens NAME\$ ist beim IBM
PC nicht zulässig, weil NAME ein reservierter Name ist !

Nun folgt die Erläuterung weiterer Textfunktionen. Dazu sei
bemerkt, daß sowohl die Norm als auch der IBM PC noch weitere
- unterschiedliche - Funktionen zur Verfügung stellen.

In der folgenden Tafel bedeuten X\$, Y\$ Textausdrücke, N einen
numerischen Ausdruck mit einem ganzen positiven Wert und X
einen numerischen Ausdruck mit einem beliebigen Wert. Wenn der
Funktionsname das \$-Zeichen enthält, ist der Funktionswert ein
String, andernfalls eine numerische Größe.

Textfunktionen

	Name	Funktionswert/Wirkung
	LEN(X$)	Liefert die Anzahl der Zeichen von X$
Norm IBM PC	POS(X$,Y$[,N]) INSTR([N,]X$,Y$)	Liefert die Stelle von X$, in der zum ersten Male das 1. Zeichen von Y$ in X$ auftritt. Die Suche beginnt mit dem n-ten Zeichen von X$. Wenn N fehlt ist N = 1. Wenn Y$ nicht in X$ enthalten ist, so ist der Funktionswert Null.
	STR$(X)	Umwandlung der Zahl X in einen String.
	VAL(X$)	Umwandlung des Strings X$ in eine Zahl.
	CHR$(N)	Liefert das ASCII Zeichen mit der Position n.
Norm IBM PC	ORD(X$) ASC(X$)	Liefert die Position des 1. Zeichens von X$.
	TIME$	Liefert die Uhrzeit in der Form hh.mm.ss
	DATE$	Liefert das Tagesdatum in der Form tt.mm.jjjj

Weitere Erläuterungen:

Zu LEN sei wiederholt, daß bei einer Eingabe mit INPUT oder LINE INPUT blanks am Anfang und Ende des Strings nur gespeichert werden, wenn der String in Apostroph gesetzt wird.

Die INSTR-Funktion kann z.B. benutzt werden, um blanks oder andere Sonderzeichen in Strings zu suchen.
Beispiel: M = INSTR("HANS MUELLER, " ") liefert M = 5

Die Funktionen STR$ und VAL dienen zur Umcodierung von Zahlen in Strings und umgekehrt. Bei STR$ ist die Vorzeichenstelle der Zahl (ggf. blank) das 1. Zeichen des Strings. Die Zeichen des Arguments von VAL müssen eine Zahl darstellen.

Damit die Funktionen TIME$ und DATE$ wirksam werden, müssen

die "Anfangswerte" nach dem Einschalten des Rechners manuell
eingegeben werden.

Die Funktionen CHR$ und ASC beziehen sich auf die interne Co-
dierung der Zeichen im ASCII (s. Anhang). Das jedem Zeichen
entsprechende Binärmuster wird zunächst als Dualzahl und dann
als Dezimalzahl interpretiert. Diese Dezimalzahl wird kurz
als die "Position des Zeichens" bezeichnet und ist das Argument der CHR$- bezw. der Funktionswert der ASC-Funktion. (Diese
Positionen bilden auch die Grundlage der Anwendung von Vergleichsoperatoren auf Strings, s.S. 96).

Beispiel: im ASCII ist   A = 01000001 = 65
                      blank = 00100000 = 32
Man sagt: A hat die Position 65, blank hat die Position 32.

Die CHR$-Funktion eröffnet vielfältige Möglichkeiten für die
fortgeschrittene Textverarbeitung. Z.B. können mit PRINT bezw.
LPRINT dem Bildschirm bezw. dem Drucker per Programm Steuerzeichen übermittelt werden. (In ähnlicher Form können auch
andere E/A Geräte angesteuert werden). Leider sind diese
Steuerzeichen sehr geräteabhängig. Die folgenden werden weitgehend einheitlich verwendet.

ASCII Position	Steuerzeichen/Wirkung
10	LF (line feed) Zeilenvorschub, cursor eine Zeile tiefer.
12	FF (form feed) Seitenvorschub, Löschen des Bildschirms.
13	CR (carriage return) Wagenrücklauf, cursor an den Anfang der betr. Zeile.
27	ESC (escape), die nach diesem Steuerzei-chen folgenden Zeichen werden nicht als "normale", sondern auch als Steuerzeichen interpretiert.

Beispiel: Die ENTER-Taste erzeugt die Steuerzeichen 10 und 13.
LPRINT CHR$(12) erzeugt einen Seitenvorschub beim Drucker.

Die folgenden Steuerzeichen gelten nur für den IBM PC.

<u>Erzeugen verschiedener Schriften beim IBM PC</u>

Für den <u>Drucker</u> muß die Position von ESC als Argument von CHR$ gegeben werden, die folgenden Zeichen dürfen als Stringkonstante gegeben werden. Die Zeichen sind durch ; zu trennen.

Steuerzeichen	Wirkung	
ESC; E	Anfang	verstärkte Schrift
ESC; F	Ende	
ESC; G	Anfang	fette Schrift
ESC; H	Ende	
ESC; W; 1	Anfang	breite Schrift
ESC; W; 0	Ende	
ESC; -; 1	Anfang	Unterstreichen
ESC; -; 0	Ende	
ESC; A; n	Zeilenabstand von n/72 Zoll. Es müssen	
ESC; 2	beide Befehle gegeben werden. Der Zahlenwert von n ist das Argument der CHR$-Funktion. Normal eingestellt ist 12/72 = 1/6 Zoll.	

<u>Beispiel 37</u>. <u>Schriftarten beim Drucker</u>.

```
10 'BEISP. 37 SCHRIFTARTEN. DATEI B37SCHR
20 LPRINT CHR$(27);"G";CHR$(27);"W";"1";"FETT UND BREIT"
30 LPRINT CHR$(27);"H";CHR$(27);"W";"0";"WIEDER NORMAL"
40 LPRINT CHR$(27);"A";CHR$(24);CHR$(27);"2"
50 LPRINT "DOPPELTER" : LPRINT "ZEILENABSTAND"
60 LPRINT CHR$(27);"A";CHR$(12);CHR$(27);"2"
70 LPRINT "JETZT WIEDER" : LPRINT "EINFACHER ABSTAND"
80 END
```

```
RUN
FETT  UND  BREIT
WIEDER NORMAL


DOPPELTER

ZEILENABSTAND


JETZT WIEDER
EINFACHER ABSTAND
```

Für den <u>Bildschirm</u> steht die Funktion zur Verfügung

COLOR Vorder, Hinter

Vorder. Hinter = numerische Ausdrücke mit den folgenden Werten.

Damit werden auch auf einem Schwarz-Weiß Schirm "Farben" erzeugt. Für den Vordergrund (die Zeichen) bewirkt:

0 schwarz   1 weiß unterstrichen   7 weiß   15 weiß fett
wird zu einem Wert 16 addiert, entsteht eine blinkende Anzeige.

Für den Hintergrund sind nur 0 oder 7 zulässig. Normal eingestellt ist   COLOR 7, 0

Beispiel: COLOR 31, 0   erzeugt fettes, blinkendes weiß
           COLOR 0, 7   erzeugt "inverse" Schrift

Nun folgen noch einige allgemeine Beispiele zur Textverarbeitung.

Beispiel 38. Farbcode elektrischer Widerstände.

Der Zahlenwert eines elektrischen Widerstandes kann nach DIN 41 429 durch folgenden
Code dargestellt werden (in vereinfachter
Form, ohne Toleranzangabe). Der Zahlenwert
muß aus zwei Ziffern, gefolgt von 0 bis 6
Nullen bestehen. Jede der beiden Ziffern
und die Anzahl der Nullen wird durch eine
der nebenstehenden Farben dargestellt.

Ziffer	Farbe
0	schwarz
1	braun
2	rot
3	orange
4	gelb
5	grün
6	blau
7	violett
8	grau
9	weiß

Der Zahlenwert des Widerstandes wird eingegeben. Das Programm
soll die entsprechenden Farben ermitteln und beides ausgeben
(s. auch Aufg. 37, S. 132).

```
10  'BEISP. 38, FARBCODE. DATEI B38ZAFAR
20   DIM FARB$(9), ZIFF(3) : CLS
30   DATA SCHWARZ, BRAUN, ROT, ORANGE, GELB, GRUEN, BLAU,
            VIOLETT, GRAU, WEISS
40   FOR I = 0 TO 9 : READ FARB$(I) : NEXT I
50   PRINT "EINEN WIDERSTANDSWERT EINGEBEN, ZWEI"
60   PRINT "ZIFFERN GEFOLGT VON MAX. 6 NULLEN."
70   PRINT "R = 0 IST PROGRAMMENDE" : PRINT
80   INPUT " R = ", R
90   IF R = 0 THEN GOTO 180
100 PRINT R; " OHM ENTSPRICHT";
110 'ZERLEGUNG DER ZAHL IN ZIFFERN
120 R$ = STR$(R) : L = LEN(R$)
130 Z1$ = MID$(R$,2,1) : Z2$ = MID$(R$,3,1)
140 Z(1) = VAL(Z1$) : Z(2) = VAL(Z2$) : Z(3) = L - 3
150 'ZUORDNUNG UND AUSGABE
160 FOR I = 1 TO 3 : PRINT " "; FARB$(Z(I)); : NEXT I
170 PRINT : PRINT : GOTO 80
180 END
```

```
RUN
EINEN WIDERSTANDSWERT EINGEBEN, ZWEI
ZIFFERN GEFOLGT VON MAX. 6 NULLEN.
R = 0 IST PROGRAMMENDE

 R = 2500
 2500  OHM ENTSPRICHT ROT GRUEN ROT

 R = 60
 60  OHM ENTSPRICHT BLAU SCHWARZ SCHWARZ

 R = 1000
 1000  OHM ENTSPRICHT BRAUN SCHWARZ ROT

 R = 0
Ok
```

Die Anw.Nr. 120 verwandelt den eingegebenen Zahlenwert in
einen String und stellt dessen Länge fest. Mit den Anw.Nr.
130 und 140 werden die beiden ersten Ziffern des Strings ab-
getrennt und in $Z(1)$ und $Z(2)$ gespeichert. Man beachte, daß
das erste Zeichen des Strings das Vorzeichen-blank ist. Die
Anzahl der Nullen ergibt sich aus der Länge des Strings.
Der entscheidende Programmteil ist die Schleife Anw.Nr. 160.
Die drei Ziffern $Z(I)$ werden die Indizes eines Bereiches. Dadurch werden die "richtigen" Farben gefunden. Diese Art der
Zuordnung ist ein häufiger Kunstgriff bei der Textverarbeitung.

Beispiel 39. <u>Geheimschrift.</u>
Es wird eine 6-stellige Codezahl eingegeben. Der eingegebene
Text wird in Gruppen von je 6 Zeichen zerlegt. Bei Klartext
wird die Position jedes Zeichens um soviel erhöht, wie die
betr. Codeziffer angibt. Bei der Entschlüsselung wird entsprechend erniedrigt. Damit der verschlüsselte Text im Bereich
der druckbaren Zeichen bleibt, muß der Klartext aus dem Zei-
chensatz der BASIC-Sprache bestehen. Der Klartext ist in Apostrophe zu setzen, wenn er am Anfang oder Ende blanks enthält.
Bei Eingabe von verschlüsseltem Text dürfen als Begrenzung
keine Aphostrophe geschrieben werden, weil der Apostroph innerhalb des Textes vorkommen kann.

Der Einfachheit halber wird hier ein Programm für genau 24

Zeichen = 4 Gruppen gezeigt.

```
10  'BEISP. 39, GEHEIMSCHRIFT. DATEI B39GEH
20   OPTION BASE 1 : DIM C(6), EIN$(4), AUS$(4) : CLS
30   PRINT "DIESES PROGRAMM VER- BEZW. ENTSCHLUESSELT EINEN"
40   PRINT "TEXT AUS GENAU 24 ZEICHEN." : PRINT
50   PRINT "WIRD KLARTEXT EINGEGEBEN ?  J/N  EINGEBEN."
60   PRINT "BEI N IST CODIERTER TEXT EINZUGEBEN, DIE BLANKS"
70   PRINT "ZWISCHEN DEN GRUPPEN NICHT EINGEBEN." : PRINT
80   INPUT "ANTWORT J ODER N "; ANTW$
90   INPUT "6-STELLIGE CODEZAHL "; CODE$
100  PRINT "KLARTEXT IN APOSTROPHEN EINGEBEN,"
110  INPUT"CODIERTER TEXT OHNE APOSTROPHE: ", TEXT$
120  'ZERLEGEN DER CODEZAHL IN ZIFFERN
130  FOR I = 1 TO 6 : C(I) = VAL(MID$(CODE$,I,1)) : NEXT I
140  'SCHLEIFE FUER ALLE GRUPPEN
150  FOR I = 1 TO 4
160   K = 6*(I-1) + 1   'ANFANG JEDER GRUPPE
170   EIN$(I) = MID$(TEXT$, K, 6) : AUS$(I) = ""
180  'SCHLEIFE FUER EINE GRUPPE
190   FOR J = 1 TO 6
200    POSALT = ASC(MID$(EIN$(I), J, 1))
210    IF ANTW$ = "J" THEN POSNEU = POSALT + C(J)
                      ELSE POSNEU = POSALT - C(J)
220    AUS$(I) = AUS$(I) + CHR$(POSNEU)
230   NEXT J
240   IF ANTW$ = "J" THEN PRINT AUS$(I);" ";
                     ELSE PRINT AUS$(I);
250 NEXT I
260 END
Ok
RUN
DIESES PROGRAMM VER- BEZW. ENTSCHLUESSELT EINEN
TEXT AUS GENAU 24 ZEICHEN.

WIRD KLARTEXT EINGEGEBEN ?  J/N  EINGEBEN.
BEI N IST CODIERTER TEXT EINZUGEBEN, DIE BLANKS
ZWISCHEN DEN GRUPPEN NICHT EINGEBEN.

ANTWORT J ODER N ? J
6-STELLIGE CODEZAHL ? 123456
KLARTEXT IN APOSTROPHEN EINGEBEN,
CODIERTER TEXT OHNE APOSTROPHE: "MONTAG, 16.08.85, 11:45 "
NQQXFM -"4:36 90;91& 23=8:&
```

Graphische Ausgabe mit dem Drucker

Diese einfachste Form der graphischen DV kann als spezielles
Anwendungsgebiet der Textverarbeitung betrachtet werden, weil
Zeichen ausgegeben werden. Die "echte" graphische DV wird
in Abschn. 9 behandelt. Das folgende beschränkt sich auf die
Herstellung von Funktionsdiagrammen.

Ein grundlegendes Problem, das nichts mit DV zu tun hat, aber dem Anfänger erfahrungsgemäß stets Schwierigkeiten bereitet, sind die Maßstabsfragen. Es müssen Größen, die im folgenden mit x und y bezeichnet werden, durch Strecken dargestellt werden. Dazu dient nach DIN 461, Graphische Darstellungen im Koordinatensystem, die

| **Definition:** $\quad$ Maßstab $= \dfrac{\text{Streckendifferenz}}{\text{enstspr. Größendifferenz}}$

Beispiel: In der nebenstehenden Skizze ist der Maßstab

$$M = 20 \text{ mm} / 50 \text{ N} = 0.4 \text{ mm/N}$$

Es ist zweckmäßig, zunächst eine Skizze des gewünschten Diagramms zu entwerfen, aus der man die Wertebereiche der Variablen und die Diagrammgröße entnimmt. Dann ist zu überlegen, wie man die Koordinatenachsen x und y auf dem Drucker orientiert. Meist ist es zweckmäßig, die pos. y-Richtung in Richtung einer Zeile, also von links nach rechts und die pos. x-Richtung in Richtung des Zeilenvorschubs, also von oben nach unten zu legen. (s. Bild 27).

Die Anzahl der Zeichen bezw. Zeilen pro Längeneinheit wird als Dichte oder <u>Auflösung</u> bezeichnet. Sie beträgt beim IBM Drucker in

$\quad$ x-Richtung $\quad$ 6 Zeilen/Zoll $= 0.2362$ Zeile/mm

$\quad$ y Richtung 10 Zeichen/Zoll$= 0.3937$ Zeichen/mm

Daraus ergibt sich für die <u>Größendifferenz, die dem Abstand zweier Zeilen/Zeichen</u> entspricht

| $\quad$ Größendifferenz = 1/(Auflösung $*$ Maßstab)

<u>Beispiel 40.</u> $\quad$ <u>Funktionsdiagramm mit Drucker.</u>
Es ist ein Programm für die in Bild 27 gezeigte Druckerausgabe zu entwickeln. An vorgegebenen Stellen sollen Parallelen zur Ordinate und Abszisse gedruckt werden. Die Parallelen zur Ordinate sind mit den entsprechenden x-Werten zu beschriften. Bei den Parallelen zur Abszisse ist dies an den vorgegebenen

Stellen nicht ohne weiteres möglich. Deshalb sollen dort nur in der obersten Zeile die entspr. y-Werte gedruckt werden.

In jeder Zeile wird der dem y-Wert entsprechende Punkt (Stern) gedruckt.

Die Analyse dieser Problemstellung ergibt folgende Eingabewerte:

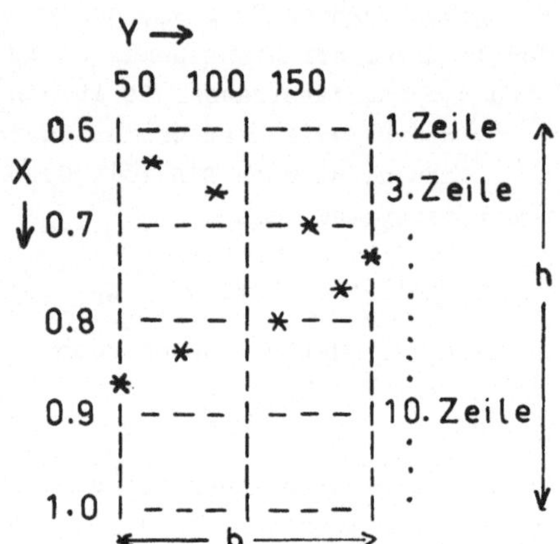

Bild 27 Druckerausgabe

XMIN, YMIN	Werte an der oberen linken Ecke des Diagramms
XMAX, YMAX	Werte an der unteren rechten Ecke des Diagramms
DX, DY	Differenzen zwischen zwei Parallelen
H, B	Höhe und Breite des Diagramms in mm.

Bild 28 zeigt einen groben Programmablaufplan. Die aus den Eingabewerten zu errechnenden Hilfsgrößen ergeben sich erst bei einer weiteren Verfeinerung. Die Berechnung des Funktionswertes erfolgt nach der Druckvorbereitung für eine Zeile, weil dadurch ggf. ein Zeichen für eine Achse durch den Stern überschrieben wird. Die Abfrage "Ist eine Zeile eine Parallele zur Ordinate ?" muß deshalb zweimal erfolgen. Die zweite Abfrage wird im Programm durch eine Schalterabfrage realisiert. Beim Löschen einer Zeile wird stets die gesamte Zeile gelöscht, weil dies kaum umständlicher ist als zwei verschiedene Löschanweisungen.

Im Programm haben die Variablen folgende Bedeutung:
DRUCK\$(70)   Bereich der Druckzeichen einer Zeile
XACHS(20), YACHS(10) Werte der Variablen an den Parallelen
ALX, ALY   Auflösungen
XMASS, YMASS Maßstäbe

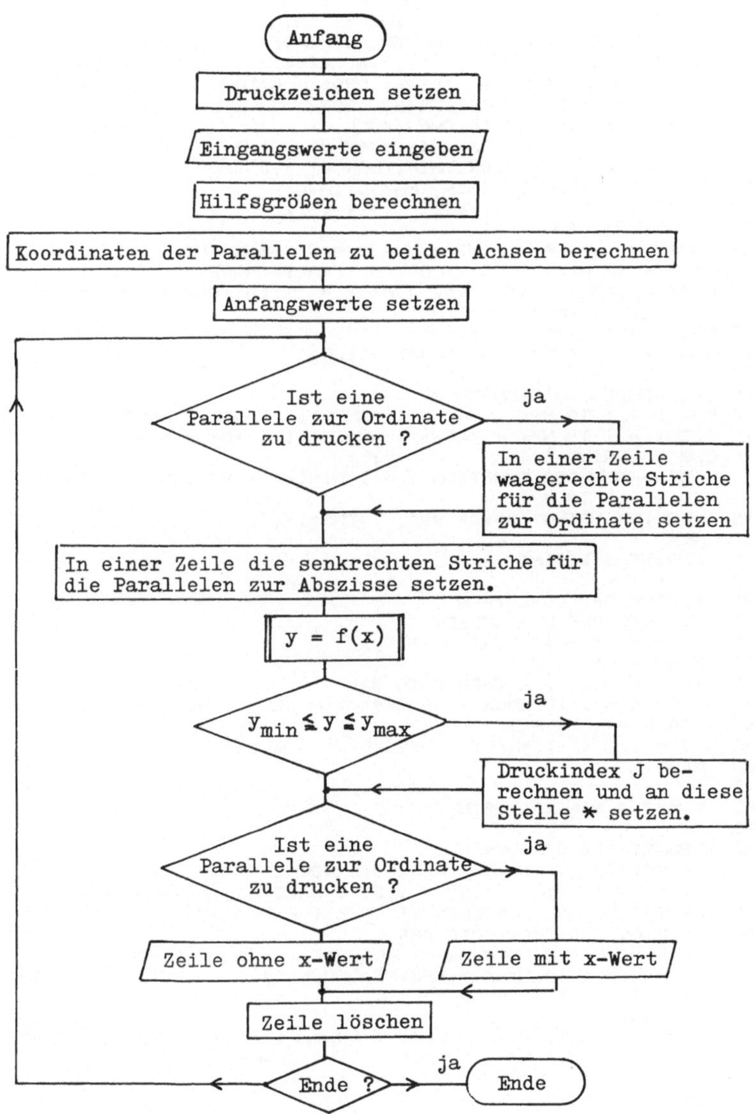

Bild 28 Plan für Diagramm mit Drucker

```
10  'BEISP. 40 DIAGRAMM MIT PRINTER. DATEI B40DIAPR
20   'VEREINBARUNGEN, KONSTANTEN, EINGABE
30    DIM DRUCK$(70), XACHS(20), YACHS(10)
40    READ BLANK$, PUNKT$, ABSZ$, ORD$ : DATA " ", *, I, -
50    READ ALX, ALY : DATA .2362, .3937
60  '6 ZEILEN/ZOLL, 10 ZEICHEN/ZOLL
70   'PRINT "XMIN,XMAX,DX,YMIN,YMAX,DY,HOEHE(X), BREITE(Y) EIN."
80   'INPUT  XMIN,XMAX,DX,YMIN,YMAX,DY,H,B
90    READ XMIN,XMAX,DX,YMIN,YMAX,DY,H,B
100 DATA 0, 6.2, 1, -3, 3.1, 1, 124, 122
110   'HILFSGROESSEN
120 XMASS = H/(XMAX-XMIN) : YMASS = B/(YMAX-YMIN)
130   DDX = 1/(ALX*XMASS) : DDY = 1/(ALY*YMASS)
140 MZDX = INT(DX/DDX + .5) : NZDY = INT(DY/DDY + .5)
150 MPX = INT((XMAX-XMIN)/DX + 1.5)
160 NPY = INT((YMAX-YMIN)/DY + 1.5)
170 KMAX = INT((YMAX-YMIN)/DDY + 1.5)
180 '
190 'ACHSENBESCHRIFTUNGEN
200 FOR I = 1 TO MPX : XACHS(I)=XMIN+(I-1)*DX : NEXT I
210 FOR I = 1 TO NPY : YACHS(I)=YMIN+(I-1)*DY : NEXT I
220 CLS : LPRINT "                ";
    "DIAGRAMM DER FUNKTION Y = 2*SIN(X) + SIN(2X)" : LPRINT
230 FOR I = 1 TO NPY
240    LPRINT USING "#####.##"; YACHS(I);
250  NEXT I
260  LPRINT : LPRINT
270 I = 1
280 'BEGINN DER SCHLEIFE
290 'TEILSTRICHE UND ACHSEN
300 FOR X = XMIN TO XMAX STEP DDX
310  FLAG = -1
320  IF XACHS(I) > X THEN GOTO 340
330   FOR K = 2 TO KMAX : DRUCK$(K) = ORD$ : NEXT K : FLAG = 1
340  FOR K = 1 TO NPY
350   J = 1 + (K-1)*NZDY : DRUCK$(J) = ABSZ$
360  NEXT K
370  '
380  Y = 2 * SIN(X) + SIN(2*X)
390  '
400  'PUNKT DES GRAPHEN
410  IF Y<YMIN OR Y>YMAX THEN GOTO 430
420   J = INT((Y-YMIN)/DDY + 1.5) : DRUCK$(J) = PUNKT$
430 'SCHREIBEN UND LOESCHEN EINER ZEILE
440  IF FLAG < 0 THEN GOTO 480
450   LPRINT USING "###.## "; XACHS(I);
460   FOR K = 1 TO KMAX : LPRINT DRUCK$(K); : NEXT K : LPRINT
470   I = I + 1 : GOTO 500
480   LPRINT "        ";
490   FOR K = 1 TO KMAX : LPRINT DRUCK$(K); : NEXT K : LPRINT
500   FOR K = 1 TO KMAX : DRUCK$(K) = BLANK$ : NEXT K
510  NEXT X
520  END
```

```
          DIAGRAMM DER FUNKTION Y = 2*SIN(X) + SIN(2X)

      -3.00      -2.00      -1.00       0.00       1.00       2.00       3.00

 0.00 I-------I---------I---------I--------*---------I-------I-------I
      I       I         I         I         * I         I       I       I
      I       I         I         I         I     *   I       I       I
      I       I         I         I         I         I     * I       I
      I       I         I         I         I         I       *       I
      I       I         I         I         I         I       I   *   I
 1.00 I-------I---------I---------I---------I---------I-------I---*---I
      I       I         I         I         I         I       I *   I
      I       I         I         I         I         I       I*      I
      I       I         I         I         I         I   * I       I
      I       I         I         I         I       I *     I       I
 2.00 I-------I---------I---------I---------I-----*-I---------I-------I
      I       I         I         I       I *     I         I       I
      I       I         I         I       I*      I         I       I
      I       I         I         I       *       I         I       I
      I       I         I         I       *       I         I       I
 3.00 I-------I---------I---------I--------*--------I-------I-------I
      I       I         I         I       *         I         I       I
      I       I         I         I     *I          I         I       I
      I       I         I         I    * I          I         I       I
 4.00 I-------I---------I---------I--*------I---------I-------I-------I
      I       I         I       *   I         I         I       I
      I       I         I   *     I         I         I         I       I
      I       I       I*        I         I         I         I       I
      I       I     * I         I         I         I         I       I
 5.00 I---*---I---------I---------I---------I---------I-------I-------I
      I   *   I         I         I         I         I         I       I
      I       *     I         I         I         I         I         I
      I       I   *     I         I         I         I         I       I
      I       I     *   I         I         I         I         I       I
 6.00 I-------I---------I--*------I---------I-------I-------I-------I
```

Bild 29 Funktionsdiagramm mit Drucker

DDX, DDY	Größendifferenzen, die dem Abstand zweier Zeilen, bezw. Zeichen entsprechen.
MZDX, NZDY	Anzahl der Zeilen bezw. Zeichen, die den Differenzen DX bezw. DY entsprechen. Der Summand 0.5 ist wegen des Abrundens bei der INT-Funktion erf.
MPX, MPY	Anzahl der Parallelen zu den Koordinatenachsen. Der Summand 1 ist erforderlich, weil die 1. Parallele mitgezählt werden muß, 0.5 wegen des Rundens.
KMAX	Anzahl der Druckzeichen in einer Zeile
FLAG	Schaltervariable

Das folgende Beispiel zeigt eine einfache Darstellungsmöglich-
keit einer Funktion von zwei unabhängigen Variablen $z = f(x,y)$.
Mit "echter" Graphik können die Graphen z_k = const in der
(x,y)-Ebene gezeichnet werden (Netztafel). Mit einem Drucker
ist das nicht möglich. Es wird für jedes Wertepaar (x_i,y_j),
das einer Druckstelle entspricht, der z_{ij}-Wert berechnet. Gedruckt wird an dieser Stelle z.B. eine Abbildung dieses Wertes
in einen Bereich von 0 bis 9 (s.Aufg. 38, S. 133). Hier wird
noch eine weitere Umformung durchgeführt. Das Diagramm wird
übersichtlicher, wenn statt der Ziffern Zeichen gedruckt werden, die etwas über den Betrag von z aussagen. Zum Beispiel:

$$\begin{array}{lcccccccccc}
\text{Ziffern} & 0 & 1 & 2 & 3 & 4 & 5 & 6 & 7 & 8 & 9 \\
\text{Zeichen} & b & b & . & . & - & - & + & + & * & *
\end{array}$$

Das Problem der Textverarbeitung besteht in der Umwandlung
der Ziffern in Zeichen. Deshalb wird nur dieser Programmteil
gezeigt. Auf die Berechnung der z-Werte sowie die Maßstabsfragen wird nicht eingegangen.

Beispiel 41. Isogramm.

```
10 'BEISP. 41, ISOGRAMM. DATEI B41ISO1
20   DIM ZEILE(20), DRUCK$(20), ZEICH$(9)
30   DATA " ", " ", ., ., -, -, +, +, *, *
40   FOR I = 0 TO 9 : READ ZEICH$(I) : NEXT I
50   'TESTZEILE
60   DATA 8,8,7,6,5,5,2,2,1,1,1,0,3,5,5,6,6,7,8,8
70   FOR I = 1 TO 20 : READ ZEILE(I) : NEXT I
80  'ZUORDNUNG
90   FOR I = 1 TO 20
100    J = ZEILE(I)
110    DRUCK$(I) = ZEICH$(J)
120 NEXT I
130  'AUSGABE
140 FOR I = 1 TO 20 : PRINT USING "#"; ZEILE(I); : NEXT I
150 PRINT
160 FOR I = 1 TO 20 : PRINT DRUCK$(I); : NEXT I
170 END

RUN
88765522111035566788
**++--..    .--++**
Ok
```

Mit Anw.Nr. 30 und 40 werden die vorstehenden Zeichen dem Bereich ZEICH$ zugeordnet. Anw.Nr. 60 und 70 erzeugen die beliebigen z-Werte für eine Druckzeile (sie wären in einem getrennten Programmteil zu berechnen). Der entscheidende Programmteil ist die Schleife Anw.Nr. 90 bis 120. Mit dem gleichen Verfahren wie in Beisp.38, S. 120 werden die "richtigen" Druckzeichen gefunden. Man erkennt, wie sachlich sehr verschiedene Probleme die gleiche programmiertechnische Lösung haben können. Bei der Ausgabe werden die Ziffern nur zur Kontrolle gedruckt.

6.3 AUFGABEN

Bei den folgenden Aufgaben sind Bereiche zu benutzen. Dies erscheint am Ende dieses Abschnitts selbstverständlich. Im allgemeinen ist diese Erkenntnis bereits ein wichtiger Lösungsschritt.

29. Aufg 28, S. 104 ist mit indizierten Variablen zu lösen.

30. Vektorrechnung. Es wird eine beliebige Anzahl von Sätzen zu je drei Zahlen eingegeben. Sie bedeuten die drei Koordinaten eines Vektors. Das Programm endet, wenn für alle drei Koordinaten der Wert 0 eingegeben wird. Für jeden Vektor sind der Betrag und die drei Richtungswinkel zu berechnen. Die eingegebenen und die berechneten Werte sind für jeden Vektor in einer Bildschirmzeile auszugeben. Hinweise: Es gilt

$$a = \sqrt{a_x^2 + a_y^2 + a_z^2} \qquad \cos\alpha = a_x/a \qquad \cos\beta = a_y/a \qquad \cos\gamma = a_z/a$$

Aufg. 17 d, S. 103 zeigt, wie mit $x = \cos\alpha$ und der ATN-Funktion der Winkel α berechnet werden kann. Die ATN-Funktion liefert den Hauptwert des Winkels im Bogenmaß. Man beachte den Spezialfall, daß ein Winkel 90° beträgt.

31. Die van der Waals Gleichung für reale Gase lautet

$$p(T, V) = \frac{R\,T}{V - b} - \frac{a}{V^2}$$

$R = 8314 \ J/K$

$a = 4.23 \cdot 10^5 \ N \ m^4$

$b = 0.0371 \ m^3$

Die nebenstehenden Werte gelten für
1 kmol NH_3

Es ist eine Funktionstafel der nachstehenden Form zu berechnen und zu drucken. Dabei ist folgende Bedingung zu prüfen: wenn V < b wird der Druck negativ (physikalisch sinnlos), bei V = b hat die Funktion eine Unstetigkeitsstelle. Deshalb soll der p-Wert nur gedruckt werden, wenn $0 \leq p \leq 200$ bar ist. Ist diese Bedingung nicht erfüllt, wird der Einfachheit halber p = 0 gedruckt. Hinweis: 1 bar = 10^5 N/m^3

```
        VAN DER WAALS GLEICHUNG FUER REALE GASE

     A = 0.42E+06 N*M^4     B = 0.37E-01 M^3


      T/K     360      380      400     420     440
   V/LITER           D R U C K /BAR
      20       0        0        0       0       0
      40       0        0        0       0       0
      60      132       0        0       0       0
      80       37       76      114     153     192
     100       53       79      106     132     159
     120       67       87      107     127     148
     140       75       91      107     124     140
     160       78       92      105     119     132
     180       79       91      102     114     125
     200       78       88       98     109     119
     220       76       85       94     104     113
     240       74       82       90      99     107
     260       72       79       87      94     102
     280       69       76       83      90      97
     300       67       73       79      86      92
```

32. <u>Quadratische Interpolation</u>. Zunächst ist in zwei Bereichen X und Y eine Tafel mit n = 21 Wertepaaren x_i, y_i mit i = 0, 1, 2, ... 20 einer beliebigen stetigen Funktion zu erzeugen. Nun wird ein x-Wert eingegeben. Es ist zu prüfen, ob er im Intervall $x_0 \leq x < x_{19}$ liegt. Bei "nein" Sprung an das Programmende. Bei "ja" ist gemäß der folgenden Skizze die "richtige" Stelle der Tafel zu finden, aus der mit den Interpolationsformeln von Newton der entsprechende y-Wert zu berechnen ist. Das Wertepaar x, y ist zu drucken.

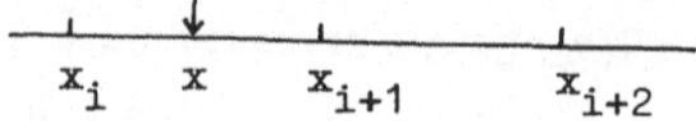

$$y = b_0 + b_1(x - x_i) + b_2(x - x_i)(x - x_{i+1})$$

$$b_0 = y_i \qquad b_1 = \frac{y_{i+1} - y_i}{x_{i+1} - x_i} \qquad b_2 = \frac{\left[\dfrac{y_{i+2} - y_{i+1}}{x_{i+2} - x_{i+1}} - \dfrac{y_{i+1} - y_i}{x_{i+1} - x_i}\right]}{x_{i+2} - x_i}$$

33. <u>Sortieren beim Einlesen</u>. Es sind maximal 100 Zahlen $|Z| <$ 30 000 einzugeben. $Z = 30\ 000$ ist das Datenende. Die Zahlen sind beim Einlesen zu sortieren.

Die zentralen Anweisungen dieses Programms basieren auf der Voraussetzung, daß sich in den Speicherzellen $Z(0)$ bis $Z(I-1)$ bereits sortierte Zahlen befinden. Die nun eingelesene Zahl gelangt zunächst in die Speicherzelle $Z(I)$ und wird von dort durch eventuelles mehrfaches Vertauschen an die richtige Stelle der Zahlenfolge gebracht.

Der Kunstgriff des Verfahrens besteht darin, die ggf. erforderlichen Vertauschungen "von hinten", d.h. mit fallenden Indizes vorzunehmen. Zunächst werden also die Inhalte von $Z(I)$ und $Z(I-1)$ verglichen und ggf. vertauscht. Wenn vertauscht wurde, sind nun $Z(I-1)$ und $Z(I-2)$ zu vergleichen. Dies ist zu wiederholen, bis zum ersten Mal kein Vertauschen mehr erforderlich ist. Dann steht die eingelesene Zahl an der richtigen Stelle, und die nächste Zahl kann eingelesen werden. Bei $Z = 30\ 000$ sind die Anzahl und die sortierten Zahlen zu drucken.

Hinweis: Die erste eingelesene Zahl $Z(0)$ ist außerhalb der Schleifen einzulesen.

34. <u>Funktionstafel als Matrix</u>. Die Tafel des Beisp. 32, S. 110 ist so zu berechnen, daß zunächst die gesamte Matrix berechnet und anschließend ausgegeben wird.

35. <u>Transponieren einer Matrix</u>. Die Koeffizienten a_{ik} einer Matrix mit m Zeilen und n Spalten (m, n $\leq$ 10) sind einzulesen. Es ist die transponierte Matrix zu bilden und auszugeben. Hinweis: die 1. Spalte der Ausgangsmatrix wird zur 1. Zeile der transponierten Matrix usw.

36. <u>Kondition eines linearen Gleichungssystems.</u>
Ein System ist nicht lösbar, wenn zwei Zeilen der Koeffizientenmatrix linear abhängig sind. Dann sind die Zeilenvektoren $\underline{a}_i$
und $\underline{a}_j$ parallel und es ist $|\cos(\underline{a}_i, \underline{a}_j)| = 1$. Das System
gilt als schlecht konditioniert, wenn $|\cos(\underline{a}_i, \underline{a}_j)| > 0.92$ ist.

Diese Bedingung ist für eine einzugebende 6 mal 6 Matrix zu
prüfen. Es sind die cos-Werte aller Kombinationen von 2 Zeilen
zu bilden. Wenn die obige Bedingung erfüllt ist, sind die entsprechenden Zeilennummern und cos-Werte zu drucken.

Hinweis: $\cos(\underline{a}_i, \underline{a}_j) = (\underline{a}_i \cdot \underline{a}_j)/(|\underline{a}_i| |\underline{a}_j|)$

37. <u>Farbcode für elektrische Widerstände.</u> In Fortführung des
Beisp. 38, S. 120 ist ein Programm zu schreiben, das bei drei
eingegebenen richtigen Farben den entspr. Zahlenwert des Widerstandes berechnet und beides druckt.

Hinweis: Am Schluß des Programms ist aus drei Ziffern durch
eine Summe von Zehnerpotenzen eine Zahl zu bilden.

38. Es ist ein <u>Isogramm</u> der Relation

$$z = 0.5 * (9 + x^2 - y^2) + 0.5$$

gemäß dem nachstehenden Muster herzustellen. Die Original-
größe beträgt 120 mm mal 120 mm. Die gedruckten Zahlen sind
die ganzzahligen Anteile der z-Werte der vorstehenden Gleichung. Die x-Richtung liegt senkrecht nach unten. Siehe auch
Aufg. 52, S. 175.

```
ISOGRAMM DER FUNKTION Z = .5 * (9 + X^2 - Y^2) + .5
           X-ACHSE SENKRECHT NACH UNTEN

-3.0   55566667778888889999999999999988888877776665555
       44555666677777888888888888888888877776666555444
       34445556666777777788888888888877777776666555444 3
-2.5   33444455566666777777777777777777666665555444433
       23334445555666666677777777777766666666555544433 32
-2.0   22333444455555666666666666666666666655555444433322
       12233334444555556666666666666666665555554444333222
       12223333444455555555566666666655555555544444333332221
-1.5   11222333344444455555555555555555555544444433333222211
       11122223333444444555555555555555555444443333322221111
-1.0   01112222333344444455555555555555544444433333222221110
       01112222333344444444555555555544444444433333222211110
-0.5   00112222333344444444455555555444444444433333222221110
       00111222233333344444444445555544444444443333322221100
       00111222233333344444444444444444444444433333322211100
 0.0   00111222233333344444444444555444444444443333322211100
       00111222233333344444444455555544444444443333322221110
 0.5   01112222333344444445555555555544444444333332221110
       01112222333344444445555555555555544444433333222211 10
 1.0   11122233334444445555555555555555544444433332221 11
       11122233334444455555555555555555555544444333322221 1
       11222333444445555555555666665555555555444433333221
 1.5   12223334444555555666666666666665555555444433333221
       22233344455555566666666666666666666655555444433322
 2.0   23334444555566666666777777777766666666555554444 3332
       33344455556666677777777777777777776666655555444333
 2.5   34445555666677777778888888887777777666655554443
       44455566667777788888888888888888887777766655554 4
       45556667777888888999999999998888888777766665554
 3.0   55666777788889999999999999999999998888877766655
Ok
```

7   UNTERPROGRAMME

Bei der Bearbeitung umfangreicher Probleme ist es unzweckmäßig,
ein gesamtes Problem durch ein einziges der bisher behandelten
Hauptprogramme (HP) zu lösen. Im Sinne der strukturierten Programmierung (s.Abschn. 4.2) empfiehlt es sich vielmehr, die
Lösung im Baukastenprinzip aus mehreren Unterprogrammen (UP'en)
zusammenzusetzen. Dies hat folgende Vorteile: einfaches Auf-
teilen der Arbeit auf mehrere Bearbeiter, bessere Fehler-Kon-
trolle (jedes UP kann für sich getestet werden), übersichtli-
che Dokumentation. Viele Grundaufgaben kehren häufig wieder.
Die entsprechenden UP'e werden in einer UP-Bibliothek zusam-
mengestellt. Die vom Hersteller des Rechners gelieferte, oft
sehr umfangreiche UP-Bibliothek wird oft mit zur software gerechnet.

Der IBM PC bietet allerdings nur die im folgenden beschriebenen Möglichkeiten des Minimal BASIC. Eine "echte" UP-Technik
ist damit nicht möglich.

7.1 BENUTZERFUNKTIONEN

Zusätzlich zu den bereits behandelten Standardfunktionen (s.
S. 80 und 117) darf der Benutzer eigene Funktionen definieren.
Die entsprechende Anweisung lautet

```
DEF FNname(Liste der formalen Parameter) = Ausdruck
```

name = Funktionsname gemäß den Regeln in Abschn. 5.2.2
formale Parameter = einfache Variablen

Der Ausdruck ist die Vorschrift, nach der der Funktionswert
ermittelt (berechnet) wird. Er enthält die Parameter und ggf.
auch andere Variablen und/oder Konstanten und darf auch Standardfunktionen oder bereits definierte Benutzerfunktionen enthalten. Die Variablen, die keine Parameter sind, haben die

gleiche Bedeutung (Speicherzelle) wie die Variablen gleichen
Namens im HP.

Die DEF FN-Anweisung muß vor dem 1. Aufruf der Funktion ste-
hen. Wegen der damit erzielten Übereinstimmung mit anderen
Programmiersprachen, setze man sie an den Programmanfang.
Nachdem die Funktion definiert wurde, kann sie (nur) in diesem
Programm wie eine Standardfunktion benutzt werden. Die Benut-
zung heißt der Aufruf und hat folgende Form: innerhalb eines
Ausdrucks steht

> ... FNname(Liste der aktuellen Parameter) ...

aktuelle Parameter = Ausdrücke

Bereits von den Standardfunktionen ist bekannt, daß der (meist
eine) aktuelle Parameter ein Ausdruck sein darf. Beispiel:
SIN(OMEGA * T + PHI). Das betreffende UP zur Berechnung des
sin-Wertes wurde aber wahrscheinlich mit dem formalen Parameter x, also als SIN(X), geschrieben. Im einfachsten Falle
sind auch die aktuellen Parameter Variablen. Ihre Namen brauchen aber nicht mit denen der formalen Parameter übereinzu-
stimmen. Diese für den Anfänger verwirrende Regel bildet eine
wesentliche Grundlage der UP-Technik. Sie bewirkt nämlich die
Parameterübertragung durch den Rechner. Ein UP kann unabhängig
vom HP geschrieben werden, die im HP benutzten Namen der Parameter brauchen dazu nicht bekannt sein. Im nächsten Abschnitt
wird sich zeigen, wie mühsam es ist, die Parameter selbst ins
und aus dem UP zu übertragen. Bei den Benutzerfunktionen ist
also eine Parameterübertragung durch den Rechner vorhanden.
Ihre wesentliche Beschränkung liegt darin, daß sie nur aus
einer Anweisung bestehen dürfen.

Beispiel 42. Benutzerfunktionen.

```
10 'BEISP. 42 BENUTZERFUNKTIONEN. DATEI B42BNFKT
20   DEF FNSINH(X) = .5*(EXP(X) - EXP(-X))
30   DEF FNBETR(X,Y,Z) = SQR(X*X + Y*Y + Z*Z)
40   DEF FNRUND(X, N) = FIX(10^N*X + .5*SGN(X))/10^N
50   PRINT FNSINH(2), FNBETR(1,1,1), FNRUND(16.6666, 2)
60   END
RUN
 3.626861       1.732051       16.67
```

Anw.Nr. 20 berechnet den Hyperbelsinus,
Anw.Nr. 30 berechnet den Betrag eines Vektors,
mit Anw.Nr. 40 kann eine Zahl auf eine beliebige Anzahl von
Stellen nach dem Dezimalpunkt gerundet werden. Die nicht ge-
normte Standardfunktion FIX schneidet die Stellen nach dem
Dezimalpunkt ab (man vergleiche mit der INT-Funktion auf S.80).

Beispiel 43. <u>Berechnung eines spitzwinkligen Dreiecks.</u>

Es werden die drei Seiten eines konstruierbaren, spitzwinkligen Dreiecks eingegeben. Die Winkel sind mit dem cos-Satz zu
berechnen. Seiten und Winkel sind in einer Zeile auszugeben.

Der cos-Satz ist die Benutzerfunktion Anw.Nr. 30. Es wird der
Winkel berechnet, der der ersten in der Parameterliste aufgeführten Seite gegenüberliegt. Der vorstehende Satz ist die
Programmbeschreibung des UP'es. Im cos-Satz tritt die arccos-
Funktion auf, die beim IBM PC keine Standardfunktion ist, und
deshalb in der Anw.Nr. 20 berechnet wird. Hier liegt die Einschränkung, daß das Dreieck spitzwinklig sein muß. Für beliebige Dreiecke müssen bei der ATN-Funktion Fallunterscheidungen
vorgenommen werden (s. Aufg. 30, S. 129).

```
10  'BEISP. 43 DREIECKSBERECHNUNG. DATEI B43DREI
20  DEF FNACOS(X) = ATN(SQR(1-X*X)/X)
30  DEF FNWINKEL(X,Y,Z) = 57.2958*FNACOS((Y*Y+Z*Z-X*X)/(2*Y*Z))
40  CLS : PRINT "    A       B       C     ALPHA     BETA     GAMMA"
50  PRINT : ZEILE = 3 : FORMAT$ = "####.## ####.## ####.##"
60  INPUT A, B, C
70  IF A = 0 THEN GOTO 130
80  ALPHA = FNWINKEL(A, B, C) : BETA = FNWINKEL(B, C, A)
90  GAMMA = FNWINKEL(C, A, B)
100 LOCATE ZEILE, 20
110 PRINT USING FORMAT$; ALPHA, BETA, GAMMA
120 ZEILE = ZEILE + 1 : GOTO 60
130 END
```

```
      A       B       C      ALPHA     BETA      GAMMA

?   10,    12,    15      41.65    52.89     85.46
?   10,    15,    15      38.94    70.53     70.53
?   20,    20,    20      60.00    60.00     60.00
?    0,     0,     0
Ok
```

7.2 SPRUNGANWEISUNG IN EIN UP

Mit der Anweisung $\boxed{\text{GOSUB } n}$ erfolgt ein <u>Sprung zur</u>

<u>Anweisung Nr. n.</u> Dort beginnt das UP.

Mit der Anweisung $\boxed{\text{ON num.Ausdr.} \quad \text{GOSUB } n_1, n_2, \ldots n_j, \ldots}$

erfolgt ein <u>Sprung zur Anweisung n_j</u>, wenn der Ausdruck den
ganzen, pos. Wert j hat. Bei der Anw.Nr. n_j beginnt das UP.

Der einzige Unterschied zu den in Abschn. 5.7 behandelten
Steueranweisungen liegt darin, daß am Schluß des UP'es ein
automatischer Rücksprung zur nächsten Anweisung des HP'es erfolgt. Dazu muß das UP mindestens einmal (meist am Schluß)

die Anweisung   enthalten.

Innerhalb des UP'es dürfen weitere UP'e aufgerufen werden.
Die im HP und im UP benutzten Variablennamen haben die gleiche Bedeutung (Speicherzelle). Es findet also keine Parameterübertragung durch den Rechner statt. Bei den hier gezeigten
einfachen Beispielen ist es dann oft einfacher, auf UP'e zu
verzichten. Im Gegensatz zu dieser Empfehlung wird in der Literatur oft ein Problem vollständig in UP'e zerlegt. Dies gilt
als gute Strukturierung. Die tatsächlichen Kriterien dafür
wurden in Abschn. 4.2.1 geschildert. Die Anwendung der GOSUB-
UP'e ist nur dann zweckmäßig, wenn sie so umfangreich sind,
und so häufig in verschiedenen HP'en gebraucht werden, daß es
sich lohnt, sie getrennt vom HP auf peripheren Speichern unter-
zubringen. Das Zusammensetzen zu einem Programmsystem wird in
Abschn. 7.3 behandelt.

Beispiel 44. <u>Nullstelle einer Funktion.</u>

Dieses Problem wurde bereits in Beisp. 8, S. 59 (Plan) und
Beisp. 25, S. 101 (Programm) behandelt. Dort wurde vorausge-
setzt, daß die zwei für die laufende Halbierung erforderlichen
Funktionswerte mit unterschiedlichen Vorzeichen bekannt sind.

Die Ermittlung dieser Werte, das sog. Eingabeln, wird hier
in einem UP durchgeführt. Auch die dann folgende laufende Halbierung wird als UP geschrieben. Das HP besteht dann nur noch
aus dem Setzen der Anfangswerte, dem Fehlerausgang und der
Ausgabe des Ergebnisses.

Beim Eingabeln werden folgende Voraussetzungen gemacht: Die
Funktion sei überall definiert und stetig. Bei $x_1 = 0$ ist
keine Nullstelle. Die Suche wird abgebrochen, wenn im Intervall $-10^6 \leq x \leq 10^6$ keine Nullstelle gefunden wird. Das Programm findet nur eine Nullstelle. Das Suchen sämtlicher Null-
stellen würde mit Ausnahme der ganzen rationalen Funktionen
einen erheblich größeren Aufwand erfordern.

```
10   'BEISP. 44, NULLSTELLE EINER FUNKTION. DATEI B44NULL2
20   DEF FNE(X) = X*X + EXP(X) - 2
30   'ANFANGSWERTE
40   X1 = 0 : Y1 = FNE(X1) : X2 = .1 : FAKT = -1.2 : FLAG = 0
50   GOSUB 1000
60   IF FLAG = 0 THEN GOSUB 2000
        ELSE PRINT "KEINE NULLSTELLE GEFUNDEN." : GOTO 80
70   PRINT "NULLSTELLE = "; X
80   END
90   '
1000 'EINGABELN
1010 Y2 = FNE(X2)
1020 IF SGN(Y1) <> SGN(Y2) THEN RETURN
1030 X2 = FAKT * X2
1040 IF ABS(X2) < 1200000! THEN GOTO 1010
                    ELSE FLAG = -1 : RETURN
2000 'LAUFENDE HALBIERUNG
2010 X = .5 * (X1 + X2) : Y = FNE(X)
2020 IF ABS((X2-X1)/X2) < .00001 THEN RETURN
2030 IF SGN(Y) = SGN(Y1) THEN X1 = X ELSE X2 = X
2040 GOTO 2010
```

Im folgenden Beispiel wird das Problem der Parameterübertragung deutlich. Es werden UP'e für die vier Grundrechnungsarten
mit komplexen Zahlen aufgerufen. Eine komplexe Zahl $z = a + jb$
besteht aus den beiden reellen Zahlen a und b. Somit ergeben
sich aus den beiden Operanden einer Rechnungsart die vier Parameter A1EIN, B1EIN, A2EIN, B2EIN und für das Ergebnis AAUS
und BAUS, also insgesamt 6 formale Parameter. Die aktuellen
Parameter sind im folgenden Beispiel Größen der Elektrotechnik,

die die dort üblichen Bezeichungen tragen. Wenn häufiger komplexe Rechnungen gebraucht werden, könnte man die vier UP'e in einer Datei speichern.

<u>Beispiel 45.</u> <u>Komplexer Widerstand.</u>
Der Widerstand der nebenstehenden
Schaltung beträgt

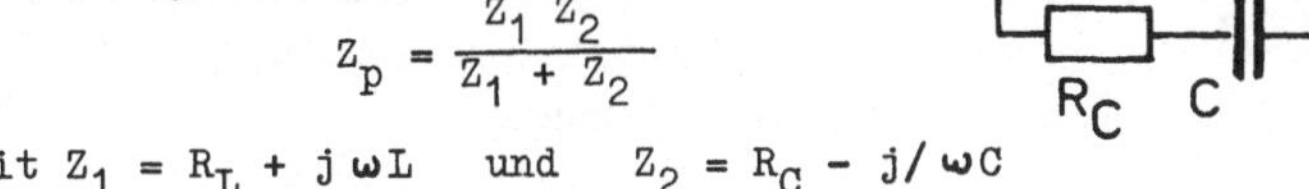

$$Z_p = \frac{Z_1 \; Z_2}{Z_1 + Z_2}$$

mit $Z_1 = R_L + j\omega L$ und $Z_2 = R_C - j/\omega C$

Die Zahlenwerte der Kreisfrequenz ω sowie die von R_L, R_C, L und C werden eingegeben. Mit Hilfe von UP'en zur komplexen Arithmetik wird im HP der Widerstand Z_p berechnet.

```
10   CLS : 'BEISP. 45, KOMPL. WIDERSTAND. DATEI B45KOMPL
20   PRINT "OMEGA IN H, RL, RC IN OHM, L IN MH, C IN MIKROF."
30   INPUT  OMEGA, RL, RC, L, C : PRINT
40   'ZWEIGWIDERSTAENDE
50   REZ1 = RL : IMZ1 = OMEGA*L*.001
60   REZ2 = RC : IMZ2 = -1000000!/(OMEGA*C)
70   'ZAEHLER
80   A1EIN = REZ1 : B1EIN = IMZ1 : A2EIN = REZ2 : B2EIN = IMZ2
90   GOSUB 3000 : REZAEH = AAUS : IMZAEH = BAUS
100  'NENNER
110  GOSUB 1000 : RENENN = AAUS : IMNENN = BAUS
120  A1EIN=REZAEH : B1EIN=IMZAEH : A2EIN=RENENN : B2EIN=IMNENN
130  GOSUB 4000 : REZP = AAUS : IMZP = BAUS
140  'AUSGABE
150  PRINT "Z1 = "; REZ1; " + J * "; IMZ1
160  PRINT "Z2 = "; REZ2; " + J * "; IMZ2
170  PRINT "ZP = "; REZP; " + J * "; IMZP
180  END
190  '
1000 'KOMPL. ADDITION
1020 AAUS = A1EIN + A2EIN : BAUS = B1EIN + B2EIN
1030 RETURN
2000 'KOMPL. SUBTRAKTION
2010 AAUS = A1EIN - A2EIN : BAUS = B1EIN - B2EIN
2030 RETURN
3000 'KOMPL. MULTIPLIKATION
3010 AAUS = A1EIN*A2EIN - B1EIN*B2EIN
3020 BAUS = A2EIN*B1EIN + A1EIN*B2EIN
3030 RETURN
4000 'KOMPL. DIVISION
4010 NENN =  A2EIN*A2EIN + B2EIN*B2EIN
4020 AAUS = (A1EIN*A2EIN + B1EIN*B2EIN)/NENN
4030 BAUS = (A2EIN*B1EIN - A1EIN*B2EIN)/NENN
4040 RETURN
```

Wie das folgende Beispiel zeigt, wird die Parameterübertragung
noch mühsamer, wenn die Parameter Bereiche sind. Das hier benutzte UP zur Produktsummenbildung wird nur als UP geschrieben,
um die Parameterübertragung zu zeigen. Es wäre einfacher, die
betr. Anweisungen mehrfach im HP zu wiederholen.

Beispiel 46. <u>Ausgleichung einer Geraden</u>. Aus n eingelesenen
Wertepaaren x_i, y_i sollen durch Ausgleichsrechnung die Koeffizienten a_0 und a_1 der "besten" Geraden

$$y = a_0 + a_1 x \qquad\qquad \text{berechnet werden.}$$

Die Ausgleichsrechnung liefert für a_0 und a_1 das folgende
lineare Gleichungssystem

$$n\, a_0 + (\Sigma x_i)\, a_1 = \Sigma y_i$$
$$(\Sigma x_i)\, a_0 + (\Sigma x_i^2)\, a_1 = \Sigma x_i y_i$$

Es ist stets über alle n Meßwerte zu summieren. Das System
wird hier mit Determinanten gelöst. Dazu erhalten die Koeffizienten und rechten Seiten folgende Bezeichnungen

$$c_1 = n \qquad c_2 = \Sigma x_i \qquad b_1 = \Sigma y_i$$
$$c_3 = \Sigma x_i \qquad c_4 = \Sigma x_i^2 \qquad b_2 = \Sigma x_i y_i$$

Damit lautet die Lösung des Systems

$$a_0 = (b_1 c_4 - c_2 b_2)/\text{Nenner}$$
$$a_1 = (c_1 b_2 - b_1 c_3)/\text{Nenner} \qquad \text{Nenner} = c_1 c_4 - c_2 c_3$$

Alle c_i und b_i sind Produktsummen und sollen mit einem UP be-
rechnet werden. Dieses UP entspricht dem HP des Beisp. 29,
S. 107. Die dort durchgeführte Endabfrage entfällt, weil hier
die Anzahl der Summanden bekannt ist. Andererseits muß am An-
SUM = 0 gesetzt werden, weil das UP mehrfach aufgerufen wird.
Der Vektor E, dessen sämtliche Koordinaten in Anw.Nr. 60 gleich
Eins gesetzt werden, dient dazu auch die Koeffizienten c_2 und
b_1 als Produktsumme berechnen zu können.

```
10 'BEISP. 46, AUSGLEICHSRECHNUNG. DATEI B46AUSGL
20   CLS : INPUT "ANZAHL DER WERTEPAARE  "; N
30   OPTION BASE 1 : DIM E(N), X(N), Y(N), U(N), V(N)
40   PRINT "WERTEPAARE EINGEBEN, NACH JEDEM PAAR ENTER."
50   FOR I = 1 TO N
60     INPUT X(I), Y(I) : E(I) = 1
70   NEXT I
80 'KOEFFIZIENTEN DES GL. SYSTEMS
90   C1 = N
100 FOR I = 1 TO N : U(I) = X(I) : V(I) = E(I) : NEXT I
110 GOSUB 1000 : C2 = SUM : C3 = C2
120 FOR I = 1 TO N : V(I) = X(I) : NEXT I
130 GOSUB 1000 : C4 = SUM
140 FOR I = 1 TO N : V(I) = Y(I) : NEXT I
150 GOSUB 1000 : B2 = SUM
160 FOR I = 1 TO N : U(I) = Y(I) : V(I) = E(I) : NEXT I
170 GOSUB 1000 : B1 = SUM
180 'KOEFFZ. A1 UND A0
190 Z0 = B1*C4 - C2*B2 : Z1 = C1*B2 - B1*C3
200 NENN = C1*C4 - C2*C3
210 A0 = Z0/NENN : A1 = Z1/NENN
220 PRINT "A0 = "; A0, "A1 = "; A1
230 END
1000 'UP FUER PRODUKTSUMME
1010 SUM = 0
1020 FOR I = 1 TO N : SUM = SUM + U(I)*V(I) : NEXT I
1030 RETURN
```

7.3 BINDEN VON PROGRAMMEN

<u>Definition</u>: Das Zusammenfügen mehrerer, in verschiedenen Dateien eines peripheren Speichers gespeicherter Programme im Arbeitsspeicher nennt man <u>Binden</u>.

Im einfachsten Fall geschieht das Binden eines HP'es mit einem UP manuell mit dem Kommando

> MERGE "Name"   Es bewirkt, daß die

Datei (das Programm) Name von der Diskette in den Arbeitsspeicher geholt wird. Im Unterschied zum Kommando LOAD wird aber der Arbeitsspeicher vorher nicht gelöscht, sondern (nur) die Anweisungen im Arbeitsspeicher, die andere Nummern tragen als die des geholten Programmes, bleiben erhalten. Der Programmierer muß also dafür sorgen, daß die gespeicherten UP'e mit genügend hohen Nummern beginnen. Außerdem muß das geholte Programm im ASCII auf der Diskette gespeichert worden sein. Dies geschieht mit SAVE "Name", A

Eine manuell einzugebende Folge von Kommandos zum Binden und
Ausführen eines HP'es und UP'es lautet (in drei Zeilen):

       LOAD "HPName"   MERGE "UPName"   RUN

Eine Möglichkeit, innerhalb eines Programmes ein anderes von
der Diskette in den Arbeitsspeicher zu holen, bietet die
Anweisung

> CHAIN "Name" [,[n],ALL]

Wenn [ ] fehlt, wird der Arbeitsspeicher vorher gelöscht und
das neue Programm von vorn ausgeführt. Es darf eine Anw.Nr. n
angegeben werden, ab der das Programm ausgeführt werden soll.
Der Zusatz ALL bewirkt, daß alle Variablen vom alten in das
neue Programm übertragen werden. Wenn ALL ohne n gewünscht
wird, müssen zwei Kommata geschrieben werden. Sollen nur einige
Variablen ins neue Programm übertragen werden, so muß das alte
die Anweisung

> COMMON Variablenliste   enthalten.

Bereiche sind in der Liste mit Name() aufzuführen.

Die CHAIN-Anweisung darf (beim IBM PC) mit dem MERGE-Kommando
verknüpft werden.

Beispiel: 10 CHAIN MERGE "UPName", 20
               20 nächste Anweisung

Mit der Anw.Nr. 10 des HP werden HP und UP gebunden, dann wird
das HP ab Anw.Nr. 20 ausgeführt.

Beispiel 47. <u>Menutechnik</u>.

Für den Benutzer beginnt eine Sitzung am Bildschirm oft damit,
daß er eine Auswahl von Programmen, ein sog. Menu, angeboten
bekommt. Das folgende Programm zeigt, wie von diesem Menu in
die verschiedenen Programme verzweigt wird. Jedes der auf-
gerufenen Programme sollte mit den Anweisungen

       n   CHAIN "B47MENU"
      n+10 END   enden.

```
10 'BEISP. 47, MENUTECHNIK. DATEI B47MENU
20 CLS :  PRINT  : PRINT  : PRINT
30 PRINT "             M E N U - A U S W A H L " : PRINT
40 PRINT "SIE KOENNEN DURCH BETAETIGEN EINER ENTSPR. TASTE"
50 PRINT "EINES DER FOLGENDEN PROGRAMME AUSFUEHREN.":PRINT
60 PRINT "            TASTE    P R O G R A M M " : PRINT
70 PRINT "              1       1. PROGRAMM"
80 PRINT "              2       2. PROGRAMM"
90 PRINT "              3       3. PROGRAMM"
100 PRINT "              4       4. PROGRAMM"
110 PRINT "              5        PROGRAMMENDE" : PRINT
120 PRINT "GEBEN SIE EINE ZAHL ZWISCHEN 1 UND 5 EIN,"
130 INPUT "DANN DIE ENTER-TASTE DRUECKEN. "; I
140 '
150 IF I<1 OR I>5 OR I<>INT(I) THEN PRINT
         "FALSCHE DATEINEINGABE" :BEEP:BEEP:GOTO 120
160 ON I GOTO 170, 180, 190, 200, 210
170 CHAIN "PROGR1"
180 CHAIN "PROGR2"
190 CHAIN "PROGR3"
200 CHAIN "PROGR4"
210 PRINT : PRINT "  G O O D B Y E"
220 END
```

7.4 AUFGABEN

39. <u>n-te Wurzel aus einer komplexen Zahl.</u> Es werden der Wurzel-
exponent n sowie Realteil a und Imaginärteil b des Radikanden
eingegeben. Mit einem UP ist die Zahl in die trigonometrische
Form umzuformen, in der die Wurzel gezogen werden kann. Es gilt

$$\sqrt[n]{z} = \sqrt[n]{r}\,(\cos\varphi_k + j\,\sin\varphi_k) \quad \text{mit } k = 0, 1, 2, \ldots n-1$$

$$\varphi_k = (\varphi_0 + 2\pi k)/n \quad \tan\varphi_0 = b/a \quad r = \sqrt{a^2 + b^2}$$

$$a_k = \sqrt[n]{r}\,\cos\varphi_k \quad b_k = \sqrt[n]{r}\,\sin\varphi_k$$

Die Lösungen sind mit einem zweiten UP wieder in die Komponen-
tenform umzuformen und auszugeben.

40. <u>Tafel einer Funktion und ihrer Integralfunktion.</u>
a. Es ist ein UP zu schreiben, das für eine im Intervall
[a, b] integrierbare Funktion, die durch eine Funktionsgleichung darstellbar ist, mit der Simpson-Regel das bestimmte
Integral berechnet. Die Simpson-Regel lautet:

$$\int_a^b f(x)\,dx = \frac{h}{3}\,(y_0 + 4y_1 + 2y_2 + 4y_3 + \ldots + 4y_{n-1} + y_n)$$

Hinweise: Die y_i-Werte werden durch ein DEF FNF(X)-UP geliefert, das von dem anderen UP aufgerufen wird. Die Integration ist mit drei Ordinaten und der Streifenbreite h = (b-a)/2 zu beginnen. Dann ist die Streifenbreite laufend zu halbieren. Dabei ist zu beachten, daß einmal berechnete Ordinaten erhalten bleiben. Man mache sich das Bildungsgesetz der Summe beim laufenden Halbieren an einer Skizze klar.

Das Integral gilt als gefunden, wenn der Absolutwert des relativen Fehlers zweier aufeinanderfolgender Integralwerte

$$|(I_2 - I_1)/I_2| < 10^{-5}$$ ist.

b. Unter Verwendung dieser UP'e ist ein HP zu schreiben, mit dem eine Tafel einer Funktion und ihrer Integralfunktion berechnet und gedruckt wird. Die Grenzen der Tafel x_{min} und x_{max} sowie die Schrittweite Δx werden eingegeben.

Hinweise: Es ist nicht erforderlich, für jeden Wert $I(x_i)$ der Integralfunktion das Integral $I(x_i) = \int_{x_{min}}^{x_i} f(x)\, dx$ zu bilden, sondern man berechnet

einfacher nur $\Delta I(x_i) = \int_{x_{i-1}}^{x_i} f(x)\, dx$ und daraus

$$I(x_i) = I(x_{i-1}) + \Delta I(x_i)$$

41. <u>Zeilen- und Spaltensummen einer Matrix.</u>
a. Im Zentralspeicher befindet sich eine Matrix A mit m Zeilen und n Spalten (m, n < 10). Mit einem UP soll eine Matrix B mit m+1 Zeilen und n+1 Spalten erzeugt werden. Die ersten m und n Reihen von A und B stimmen überein. Die Elemente der m+1 Zeile von B sind die entsprechenden Spaltensummen und die Elemente der n+1 Spalte von B die entsprechenden Zeilensummen der Matrix A.

b. Es ist ein HP zu schreiben, mit dem die Matrix A eingelesen, mit dem vorstehenden UP die Matrix B gebildet und dann ausgegeben wird. Zur Ein- und Ausgabe der Matrizen ist das HP des Beisp. 30, S. 107 in zwei UP'e umzuformen.

42. <u>Simulation einer Warteschlange.</u>
Das folgende einfache Modell trifft z.B. bei Skiliften zu.
Beim Telefon oder bei Rechenanlagen unterliegt auch der Ab-
gang einer Wahrscheinlichkeitsverteilung.

Die Anzahl der Zugänge pro Zeiteinheit zu einer Anlage unterliegt statistischen Schwankungen. Im Durchschnitt verlangt
in einem Zeitintervall von $\quad 0 < T_{ein} \leqq 10 \quad$ Zeiteinheiten
1 Element Zugang zu der Anlage. Die Anzahl der Zugänge pro
Zeiteinheit schwankt aber. Mit Hilfe der Poisson-Verteilung
ergibt sich für die Wahrscheinlichkeit p, daß n Elemente in
einer Zeiteinheit eintreffen (s. z.B.[5])

$$p(n, \Delta T_{ein}) = \frac{\mu^n}{n!}\, e^{-\mu} \quad \text{mit } \mu = 1/\,\Delta T_{ein}$$

Im folgenden interessiert die Wahrscheinlichkeit, daß <u>höchstens</u>
n Elemente eintreffen. Sie beträgt

$$F(n, \Delta T_{ein}) = \sum_{i=0}^{n} p(n, \Delta T_{ein})$$

So bedeutet z.B. der Wert von F(2, 3) die Wahrscheinlichkeit,
daß in einer Zeiteinheit 0 oder 1 oder 2 Elemente eintreffen,
wenn durchschnittlich 1 Element in einem Intervall von 3 Zeiteinheiten eintrifft.

Die Funktion $F(n, \Delta T_{ein})$ ist in einem UP zu berechnen. Eingangsparameter ist ΔT_{ein}, das UP soll die Funktionswerte für
n = 0, 1, 2, 3, 4, 5 liefern. (Diese Werte genügen, weil
$\Delta T_{ein} \geqq 1$ ist).

Der tatsächliche Zugang wird im HP durch Erzeugen von Zufallszahlen simuliert (RND-Funktion s.S. 80). Für jede Zeiteinheit
ist eine Zufallszahl im Intervall $\quad 0 \leqq \text{ZUF} < 1 \quad$ zu erzeugen.

Wenn $\quad$ ZUF $\leqq$ F(0, ΔT_{ein}) $\quad$ ist kein Element eingetroffen,

$\qquad$ ZUF $\leqq$ F(1, ΔT_{ein}) $\quad$ ist ein Element eingetroffen,

$\qquad$ ZUF $\leqq$ F(2, ΔT_{ein}) $\quad$ sind 2 Elemente eingetroffen,

$\qquad$ ZUF $\leqq$ F(3, ΔT_{ein}) $\quad$ sind 3 Elemente eingetroffen,

$\qquad$ .....

$\qquad$ ZUF $>$ F(5, ΔT_{ein}) $\quad$ sind 6 Elemente eigetroffen.

Auf diese Weise wird die Warteschlange aufgebaut.

Der Abbau der Schlange erfolgt der Einfachheit halber so, daß am Ende jedes Zeitintervalls $0 < \Delta T_{aus} \leqq 10$ genau ein Element abgefertigt wird. (Auch hier könnte man eine Wahrscheinlichkeitsverteilung ansetzen).

Es ist eine Tafel nach nachstehendem Muster auszugeben, in der für die Zeiten $k \cdot \Delta T_{aus}$ mit $k = 1, 2, \ldots 100$ die jeweilige Länge der Schlange angegeben wird. Eingabe: ΔT_{ein} und ΔT_{aus}.

Bemerkung: Wenn $\Delta T_{ein} < \Delta T_{aus}$, entsteht selbstverständlich eine ständig wachsende Schlange. Selbst in dem theoretisch am schwierigsten zu untersuchenden Grenzfall $\Delta T_{ein} = \Delta T_{aus}$ kann eine ziemlich lange Schlange entstehen, wie das Beispiel zeigt.

W A R T E S C H L A N G E

TEIN = 5 $\qquad$ TAUS = 5

K	1	2	3	4	5	6	7	8	9	10	11	12	13	14	15	16	17	18	19	20
L	1	0	1	2	4	3	2	2	2	3	3	3	2	1	1	2	2	2	3	4

K	21	22	23	24	25	26	27	28	29	30	31	32	33	34	35	36	37	38	39	40
L	4	5	4	5	5	5	5	5	5	6	5	4	4	3	6	6	6	7	7	6

K	41	42	43	44	45	46	47	48	49	50	51	52	53	54	55	56	57	58	59	60
L	6	5	7	7	7	7	7	7	8	7	6	6	6	6	7	8	8	7	6	5

K	61	62	63	64	65	66	67	68	69	70	71	72	73	74	75	76	77	78	79	80
L	7	6	5	5	4	3	2	1	0	0	0	0	0	0	0	2	1	1	1	2

K	81	82	83	84	85	86	87	88	89	90	91	92	93	94	95	96	97	98	99	100
L	1	1	1	0	0	2	1	2	1	1	1	3	2	1	2	2	2	1	1	0

8 DATEIVERARBEITUNG

8.1 ALLGEMEINES

Bereits mit den in Abschn. 6 behandelten Bereichen können grös-
sere Datenmengen verarbeitet werden. Sie werden deshalb bereits
manchmal als Dateien bezeichnet. Sie befinden sich aber im Arbeitsspeicher und werden mit dem Abschalten des Rechners gelöscht. Von einer "echten" Datei erwartet man eine permanente
Speicherung und hinsichtlich des Umfangs keine Begrenzung
durch die Kapazität des Arbeitsspeichers. Sie befindet sich
deshalb auf einem peripheren Speicher.

> Definition: Mehrere zusammengehörige Zeichen (characters)
> bilden ein Feld (field) oder Datenelement (data item); meh-
> rere Felder einen Satz (record); mehrere Sätze eine Datei
> (file) und mehrere Dateien eine Datenbank (data base).

Beispiel:

Feld	Satz	Datei
eine Zahl	Zeile einer Matrix	Matrix
Nachname	alle Personaldaten einer Person	alle Personaldaten einer Gruppe
Anw.Nr.	eine Anweisung	ein Programm

Entsprechend wie das Schreiben eines Programmes Sachkenntnisse
aus dem betreffenden Anwendungsgebiet voraussetzt, ist dies
auch beim Aufbau und der Verwaltung einer Datei der Fall.
Die hierfür erforderlichen Sachkenntnisse stammen meist aus
dem Gebiet der kaufmännischen DV. Die folgenden Anwendungen beschränken sich deshalb auf einige Grundaufgaben der Dateiverarbeitung, die auch im Bereich der Ingenieurpraxis eine Rolle
spielen:

> Aufbau und Ändern einer Datei   Suchen   Sortieren
>
> Mischen   Invertieren

Ehe die BASIC-Anweisungen zur Dateiverarbeitung beschrieben
werden, sei darauf hingewiesen, daß jedes Betriebssystem einen
editor enthält, mit dem Dateien aufgebaut und verändert werden
können (s.Abschn. 2.2.1). Beim IBM PC heißt er EDLIN. Er er-

zeugt Dateien mit sequentiellem Zugriff. Durch das EDLIN-Programm wird aber für den Benutzer ein direkter Zugriff simuliert. Auch die mit BASIC erzeugten sequentiellen Dateien sowie Programme, die im ASCII gespeichert sind (mit SAVE "Name", A), können mit EDLIN bearbeitet werden. Alle sequentiellen Dateien können mit dem Systemkommando TYPE ausgegeben werden. Darüber hinaus bietet DOS noch weitere Möglichkeiten der Dateiverarbeitung, deren Studium sich lohnt, ehe man größere Probleme in Angriff nimmt. Ferner sei auf [3] verwiesen.

Die BASIC-Norm bietet sehr mächtige Anweisungen zur Dateiverarbeitung, die von den verschiedenen Herstellern meist nur teilweise und in unterschiedlicher Form übernommen worden sind. Das folgende beschränkt sich deshalb wieder vorwiegend auf den IBM PC.

8.2 ZUGRIFFSARTEN

Bereits beim Aufbau einer Datei hat man sich für eine Zugriffsart zu entscheiden. Diese Entscheidung gilt für die gesamte Lebensdauer der Datei und ist insofern sehr wichtig. Man unterscheidet zwischen Dateien mit

      sequentiellem   und   direktem Zugriff.

Diese beiden Zugriffsarten waren früher eng mit der entsprechenden hardware-Ausstattung gekoppelt (s.S. 18): sequentieller Zugriff bei Kassetten (Band) und direkter Zugriff bei Disketten (Platten). Heute kann mit Programmen des Betriebssystems ein direkter Zugriff auf Kassette und ein sequentieller Zugriff auf Diskette simuliert werden. Sequentieller Zugriff bedeutet, daß mit jeder E/A Anweisung nur jeweils auf das "nächste" Feld (bezw. den nächsten Satz, s.u.) zugegriffen werden kann (entsprechend der READ-DATA Anweisung). Beim direkten Zugriff kann hingegen jeder beliebige Satz der Datei unmittelbar übertragen werden. Zu den Elementen eines Bereiches im Arbeitsspeicher besteht direkter Zugriff. Auf manchen Rechnern sind nur Dateien mit sequentiellem Zugriff möglich.

8.2.1 Sequentieller Zugriff

Wie man aus Bild 30 sieht, sind jeweils zwei Anweisungen erforderlich, um eine Information von der Tastatur auf die Diskette, bezw. von der Diskette auf den Bildschirm zu übertragen.
Der Anfänger hat erfahrungsgemäß Schwierigkeiten, die Namen der
dazu erforderlichen Anweisungen der richtigen Richtung des
Informationsflusses zuzuordnen. Eine einfache Merkregel lautet:

| Die Begriffe beziehen sich auf den Arbeitsspeicher (RAM).

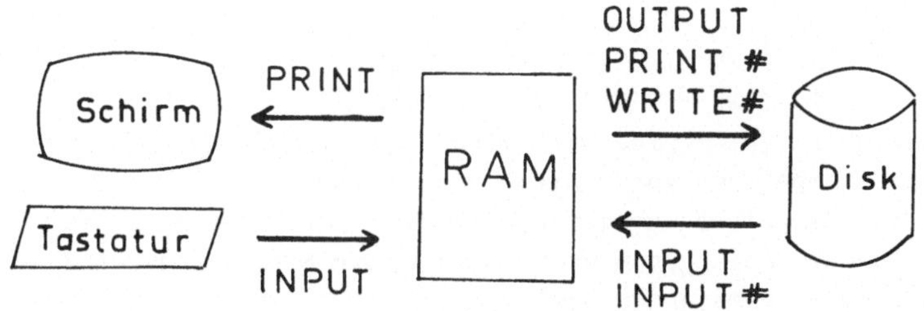

Bild 30 Richtung des Datenflusses

Öffnen und Schließen

Jede Datei muß in jedem Programm vor ihrer ersten Benutzung
eröffnet werden. Damit werden dem Rechner die Eigenschaften
der Datei mitgeteilt und es wird eine Verbindung zwischen dem
im peripheren Speicher gültigen Dateinamen und der im weiteren
Programm zu benutzenden Dateinummer hergestellt. Die Anweisung

zum Öffnen lautet ┃ OPEN Dateispezifikation FOR Modus AS # Nr ┃

Dateispezifikation = Textausdruck mit folgendem Inhalt
        [Gerät:] Dateiname
        Gerät = A oder B   Laufwerke
                KYBD   Tastatur   ⎤
                LPT1   Drucker   ⎥ ohne
                SCRN   Bildschirm ⎦ Dateinamen
Wenn [ ] fehlt, ist das Standardlaufwerk adressiert.

Dateiname = Maximal 8 Zeichen außer blanks. Wahlweise dürfen
ein Punkt und drei weitere Zeichen angehängt werden. Diese sog. extension darf nicht BAS, BAT, COM
oder EXE lauten.

Modus =   INPUT für Eingabe (s. Bild 30)

OUTPUT für Ausgabe. Eine bereits bestehende Datei
gleichen Namens wird <u>vorher gelöscht</u> !

APPEND es wird an den Schluß einer bereits bestehenden Datei geschrieben.

Nr = Integerkonstante $1 \leqq Nr \leqq 12$ Dies ist die Dateinummer.

In einem Programm dürfen maximal 3 Dateien gleichzeitig eröffnet
sein.

Beispiel: 10 OPEN "LISTE" FOR INPUT AS #1

20 OPEN "SCRN:" FOR OUTPUT AS #2

Mit Anw.Nr. 10 wird eine bestehende Datei LISTE zum Lesen in
den Arbeitsspeicher vorbereitet. Die Anw.Nr. 20 ist zum Testen
nützlich. Man sieht auf dem Bildschirm, in welcher Form die
Daten in der Datei gespeichert werden. Der Bildschirm ist natürlich kein permanenter Speicher.

Aus den Regeln über den Modus ergibt sich, daß der Änderungsdienst einer sequentiellen Datei mühsam ist. Es ist nur unmittelbar möglich, neue Sätze an den Schluß einer bestehenden
Datei anzuhängen. Wenn neue Sätze eingeschoben, oder Sätze geändert werden sollen, muß die gesamte Datei in den Arbeitsspeicher - meist in Bereiche - eingelesen werden. Dort hat
man zu jedem Element direkten Zugriff. Nach der Änderung wird
die Datei neu auf die Diskette geschrieben. Wenn häufige Änderungen zu erwarten sind, empfiehlt sich deshalb der direkte
Zugriff.

Die Sätze einer Datei mit sequentiellem Zugriff dürfen unterschiedlichen Aufbau und unterschiedliche Länge haben.

Die <u>Anweisung zum Schließen</u> lautet | CLOSE [#1, #2, ...] |

Wenn [ ] fehlt, werden alle Dateien geschlossen. Mit dieser Anweisung wird bei OUTPUT-Dateien der Puffer geleert (s. Fußnote
S. 151) und das Dateiendezeichen (EOF, end of file, CHR$(26))

gesetzt. Eine OUTPUT-Datei muß geschlossen werden, ehe sie
im gleichen Programm für einen INPUT eröffnet werden darf.
Auch eine für INPUT eröffnete Datei muß geschlossen und wieder
eröffnet werden, wenn sie im gleichen Programm nochmal von
vorn gelesen werden soll. Sie darf auch geschlossen werden,
wenn sie nur teilweise gelesen wurde. (Es wird dann nicht an
dieser Stelle ein EOF-Zeichen gesetzt).

Es empfiehlt sich, alle Dateien am Programmende zu schließen.
Gemäß der Norm werden alle Dateien automatisch am Programm-
ende geschlossen. Der IBM PC schließt erst mit dem nächsten
RUN oder LOAD Kommando.

Lesen und Schreiben
Lesen (Eingabe) bedeutet Datenübertragung von der Diskette in
den Arbeitsspeicher. Die entsprechenden Anweisungen lauten

```
INPUT # Nr, Liste von Variablen
LINE INPUT #Nr,  eine Textvariable
```

Schreiben (Ausgabe) bedeutet Datenübertragung vom Arbeitsspeicher auf die Diskette. Die entspr. Anweisungen lauten

```
WRITE #Nr, Ausgabeliste
PRINT #Nr, Ausgabeliste
PRINT #Nr, USING Formatstring; Ausgabeliste
```

Für die Ausgabeliste und den Formatstring gelten die gleichen
Regeln wie für die "normalen" E/A Anweisungen des Abschn. 5.6.
Bei allen drei Ausgabeanweisungen wird am Schluß jeden Satzes
(d.h. am Ende der Liste) das Satzendezeichen (EOL, end of line)
erzeugt und in die Datei übertragen [1]. (Genau genommen besteht es aus den beiden Zeichen LF und CR, s.S. 118). Im übrigen haben die drei Anweisungen verschiedene Speicherungen zur
Folge.

[1] Hardwaremäßig wird nicht satzweise, sondern sektorenweise
übertragen. Die Daten werden zwischenzeitlich in einem Pufferspeicher gesammelt.

Bei WRITE werden in der Datei die Textgrößen in Apostrophe gesetzt und die Felder werden durch Kommata getrennt. Bei PRINT
und PRINT USING ist dies nicht der Fall. Der Satz wird so gespeichert, wie er auf dem Bildschirm ausgegeben würde.

Beim Lesen mit INPUT wird feldweise übertragen, das EOL-Zeichen
wird behandelt wie das Feldtrennungszeichen (Komma). Wenn mit
WRITE geschrieben wurde, spielt der Aufbau der Datei aus Sätzen
beim Lesen keine Rolle. Je nach der Länge der Variablenliste
der INPUT-Anweisung kann ein Satz teilweise gelesen, oder es
kann auch über Satzgrenzen hinweg gelesen werden. Der Datentyp
jeder Variablen der INPUT-Liste muß natürlich mit dem des entsprechenden Dateielementes übereinstimmen. Mit der LINE INPUT
Anweisung, wird jeweils der Inhalt bis zum nächsten Satzendezeichen in eine Textvariable übertragen.

<u>Beispiel 48</u>. <u>Schreiben und Lesen einer sequentiellen Datei</u>.
In Anw.Nr. 40-60 wird der gleiche Satz drei mal auf verschiedene Weise geschrieben. Die Datei besteht also aus drei Sätzen.
Im Normalfall wird sie so gelesen, wie es in den Anw.Nr. 100-
120 gezeigt ist. Die Anw.Nr. 150-170 zeigen, wie Teilsätze gelesen werden können, und wie über Satzgrenzen gelesen werden
kann. Schließlich zeigt die Anw.Nr. 210 die tatsächliche Speicherung des mit WRITE geschriebenen Satzes. Die tatsächliche
Speicherung der Datei kann auch durch Lesen mit dem Systemkommando TYPE sichtbar gemacht werden.

```
10 'BEISP. 48, LESEN EINER SEQU. DATEI. DATEI B48DATL
20   OPEN "TEST" FOR OUTPUT AS #1
30   A$ = "ANTON" : N = 1000 : B$ = "BERTA"
40   WRITE #1, A$, N, B$
50   PRINT #1, A$, N, B$
60   PRINT #1, USING "    & ##### &"; A$; N; B$
70   CLOSE #1
80   CLS : PRINT "NORMALES LESEN"
90   OPEN "TEST" FOR INPUT AS #1
100 INPUT #1, A1$, N1, B1$ : PRINT A1$; N1; B1$
110 LINE INPUT #1, SATZ2$ : PRINT SATZ2$
120 LINE INPUT #1, SATZ3$ : PRINT SATZ3$
130 CLOSE #1
140 PRINT : PRINT "TEILSAETZE UND SATZGRENZEN"
150 OPEN "TEST" FOR INPUT AS #1
160 INPUT #1, A2$ : PRINT A2$ : INPUT #1, N2 : PRINT N2
170 INPUT #1, REST1$, SS2$ : PRINT REST1$, SS2$
```

```
180 CLOSE #1
190 PRINT  : PRINT "LINE INPUT"
200 OPEN "TEST" FOR INPUT AS #1
210 LINE INPUT #1, SS1$ : PRINT  SS1$
220 CLOSE #1 : END
Ok
RUN
NORMALES LESEN
ANTON 1000 BERTA
ANTON           1000            BERTA
   ANTON   1000 BERTA

TEILSAETZE UND SATZGRENZEN
ANTON
 1000
BERTA           ANTON           1000            BERTA

LINE INPUT
"ANTON",1000,"BERTA"
Ok
SYSTEM

A>
A>TYPE TEST
"ANTON",1000,"BERTA"
ANTON           1000            BERTA
   ANTON   1000 BERTA
```

Wenn Sätze verschiedenen Aufbaus verarbeitet werden sollen,
speichert man man in das erste Feld jeden Satzes eine Kennziffer, die die Satzart angibt. Mittels dieser Kennziffer und
einer Verteileranweisung (Abschn. 5.7.4) kann dann die weitere
Verarbeitung gesteuert werden. Ferner empfiehlt es sich, im
ersten Satz der Datei, dem sog. Kopfsatz (der bei der folgenden Verarbeitung oft nicht mitgezählt wird), die Anzahl der
Sätze sowie weitere Angaben über den Aufbau der Datei zu speichern.

Abfrage auf Dateiende

Wenn versucht wird, eine sequentielle Datei zu lesen, deren
nächstes Feld das EOF-Zeichen ist, erfolgt eine Fehlermeldung.
Um dies zu vermeiden, empfiehlt sich die Anwendung der folgen-

den Funktion $\boxed{\text{EOF(Nr)}}$ (ohne # Zeichen)

Sie liefert den Wert wahr (-1), wenn das Ende der Datei # Nr erreicht ist, sonst den Wert falsch (0). In Verbindung mit der IF oder WHILE Anweisung kann damit eine Abfrage auf Dateiende erfolgen.

Beispiel: 100   IF EOF(1) THEN GOTO 200
                             ELSE INPUT #1, Variablenliste
      110   Anweisungen zur Verarbeitung der einge-
              lesenen Daten
              ......
      200   Fehlerausgang

Die folgenden Beispiele zeigen den Aufbau und Mischen von Dateien sowie die Anwendung der behandelten Anweisungen.

Beispiel 49.   Telefonverzeichnis_mit_sequentiellem_Zugriff.
Dieses Beispiel zeigt den Aufbau einer sequentiellen Datei und die Verbindung zwischen Datei und Bereichen. Bei der Eingabe von der Tastatur werden zunächst alle Daten in zwei Bereichen gespeichert, ehe sie in die Datei übertragen werden. Dadurch kann die erst nach der Dateneingabe bekannte Anzahl der Sätze in den 1. Satz der Datei übertragen werden.

Auch bei der Ausgabe in den Arbeitsspeicher wird jeder Satz in zwei Bereichen gespeichert. Dabei ist die Satznummer (ohne die des Kopfsatzes) der jeweilige Index. Man spricht dann von "parallelen Bereichen". Dadurch erhält man zu jedem Datenelement einen einfachen, schnellen direkten Zugriff. Voraussetzung ist allerdings, daß die gesamte Datei im Arbeitsspeicher Platz hat.

```
10 'BEISP. 49, AUFBAU SEQU. DATEI. DATEI B49SEQU
20   CLS : OPTION BASE 1 : DIM NAM$(100), NR(100)
30   'VON TASTATUR AUF DISKETTE
40   PRINT "MEHRFACH NAME UND TELEFON-NR. DURCH KOMMA"
50   PRINT "GETRENNT EINGEBEN, NACH JEDEM PAAR ENTER."
60   PRINT "DATENENDE IST DER NAME XXX,"
70   PRINT "DANN NOCH EINE TELEFON-NR. EINGEBEN."
80   OPEN "TELESEQU" FOR OUTPUT AS #1
90   FOR I = 1 TO 100
100   INPUT "NAME, NR: ", NAM$(I), NR(I)
110   IF NAM$(I) = "XXX" THEN GOTO 130
120 NEXT I
130 N = I-1 : WRITE #1, N
140 FOR I = 1 TO N : WRITE #1, NAM$(I), NR(I) : NEXT I
150 CLOSE #1
```

```
170 'VON DISKETTE AUF SCHIRM.
180 OPEN "TELESEQU" FOR INPUT AS #1
190 PRINT : PRINT : PRINT "TELEFONVERZEICHNIS" : PRINT
200 INPUT #1, N : PRINT "DAS VERZEICHNIS ENTHAELT"; N;
                            " EINTRAEGE" : PRINT
210 FOR I = 1 TO N
220  IF NOT EOF(1) THEN INPUT #1, NAM$(I), NR(I) : PRINT NAM$(I)
                ELSE GOTO 240                          , NR(I)
230 NEXT I
240 CLOSE #1 : END
```

Beispiel 50. Mischen zweier Dateien.

Die Problemstellung und den Programmablaufplan findet man in
Beisp. 12, S. 67. Hier wird vorausgesetzt, daß sich beide
Dateien bereits auf der Diskette befinden.

```
10 'BEISP. 50, MISCHEN . DATEI B50MISH1
20  OPEN "STAMM" FOR INPUT AS #1 : KSTA$ = "0"
30  OPEN "BEW"   FOR INPUT AS #2
40 '
50 'BEW. SAETZE LESEN UND SCHREIBEN, FALLS STAMMSATZ GESCHR.
60  IF NOT EOF(2) THEN INPUT #2, BSATZ$ ELSE GOTO 240
70  KBEW$ = MID$(BSATZ$,1,4)
80  IF KSTA$ <> KBEW$ THEN GOTO 110
90   PRINT "       "; MID$(BSATZ$,5,10) : GOTO 60
100   '
110 'STAMMSATZ SUCHEN
120 IF NOT EOF(1) THEN INPUT #1, SSATZ$ ELSE GOTO 230
130 KSTA$ = MID$(SSATZ$, 1,4)
140 IF KSTA$ < KBEW$ GOTO 120
150 '
160 'STAMMSATZ UND 1. BEW-SATZ DER GRUPPE SCHREIBEN
170 IF KSTA$ > KBEW$ THEN GOTO 210
180 PRINT SSATZ$
190 PRINT "       "; MID$(BSATZ$,5,10) : GOTO 60
200 'FEHLERAUSGAENGE
210 PRINT : PRINT "STAMMDATEI NICHT VOLLSTAENDIG, "
220 PRINT "ODER SORTIERFEHLER." : GOTO 250
230 PRINT : PRINT "STAMMDATEI NICHT VOLLSTAENDIG." : GOTO 250
240 PRINT : PRINT "ENDE DER BEW.-DATEI."
250 PRINT : PRINT "P R O G R A M M E N D E "
260 CLOSE : END
```

8.2.2 Direkter Zugriff

Außer der Möglichkeit des direkten Zugriffs sind folgende Unterschiede zum sequentiellen Zugriff vorhanden: Alle Sätze müssen
die gleiche Länge haben und haben meist auch den gleichen Aufbau. Die Sätze werden unmittelbar nacheinander ohne Satztren-
nungszeichen gespeichert. Die Adressen werden auf Grund der

konstanten Satzlänge berechnet. Eine Verarbeitung mit DOS ist nicht möglich.

Wenn nichts anderes erwähnt wird, haben die folgenden Bezeichnungen die gleiche Bedeutung wie beim sequentiellen Zugriff.

<u>Öffnen und Schließen</u>

Öffnen

OPEN Dateispezifikation AS # Nr   LEN = Satzlänge

Satzlänge = pos. Integerkonstante. Sie bedeutet die Satzlänge in bytes. Ein Satz darf maximal aus 128 bytes bestehen [1]. Es sind zu reservieren:

1 byte pro Zeichen   2 bytes pro Integerzahl
4 bytes pro Zahl mit einfacher Genauigkeit
8 bytes pro Zahl mit doppelter Genauigkeit.

Nach dieser Anweisung ist die Datei sowohl zum Lesen als auch zum Schreiben geöffnet.

Der <u>Aufbau eines Satzes aus Feldern</u> wird durch folgende Anweisung definiert

FIELD #Nr, len_1 AS nam_1, len_2 AS nam_2, ...

len_i = pos. Integerkonstante. Sie bedeutet die Feldlänge des i-ten Feldes gemäß den vorstehenden Angaben

nam_i = <u>Text</u>variable. Sie bedeutet den Namen des i-ten Feldes im nachstehend beschriebenen Puffer. Diese Puffernamen beginnen im folgenden (willkürlich, der Deutlichkeit halber) stets mit einem P. Wie Zahlenfelder für den Puffer in Text umgewandelt werden, wird anschließend beschrieben.

Beispiel: 10   OPEN "TELEDIR" AS #1   LEN = 22
             20   FIELD #1, 20 as PNAM$, 2 AS PNR$

Jeder Satz der Datei TELEDIR besteht aus einem Namen aus maximal 20 Zeichen und einer in eine Textgröße umgewandelten Integerzahl.

---

[1] Diese Einschränkung kann mit dem Systemkommando
BASICA /S:Satzlänge umgangen werden.

<u>Schließen</u> wie beim sequentiellen Zugriff.

<u>Lesen und Schreiben</u>
Textgrößen im Arbeitsspeicher können während eines Programmes
unterschiedliche Längen annehmen, sie werden deshalb vom interpreter indirekt adressiert. Die Größen auf der Diskette haben
hingegen konstante Längen und werden direkt adressiert. Deshalb muß das Speichern vom RAM auf die Diskette in zwei Schritten über einen Puffer erfolgen. Das Prinzip ergibt sich aus
Bild 31.

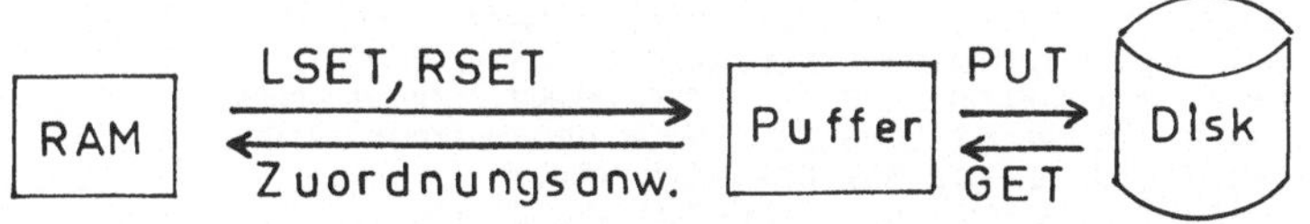

Bild 31   Puffer beim direkten Zugriff

Die Anweisungen lauten im einzelnen

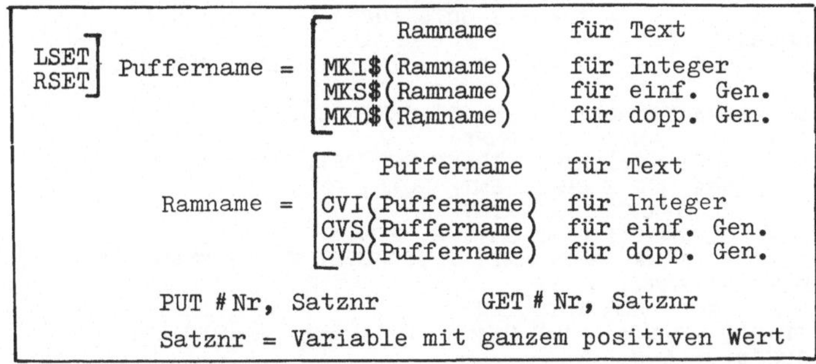

$\left.{\rm LSET \atop RSET}\right]$ Puffername =	Ramname — für Text
	MKI\$(Ramname) — für Integer
	MKS\$(Ramname) — für einf. Gen.
	MKD\$(Ramname) — für dopp. Gen.
Ramname =	Puffername — für Text
	CVI(Puffername) — für Integer
	CVS(Puffername) — für einf. Gen.
	CVD(Puffername) — für dopp. Gen.

PUT # Nr, Satznr   GET # Nr, Satznr

Satznr = Variable mit ganzem positiven Wert

Vom RAM in den Puffer und umgekehrt wird mit jeder Anweisung
eine Variable übertragen. Bei LSET wird im Puffer linksbündig,
bei RSET rechtsbündig gespeichert. Die Funktionen MKx\$ und CVx
dienen zur Typumwandlung von numerisch in Text und umgekehrt.
Statt des Ramnamens auf der rechten Seite der Anweisungen darf
auch ein Ausdruck stehen. Ramname und Puffername müssen verschieden sein. Die Puffernamen wurden in der FIELD-Anw. definiert.

Vom Puffer auf die Diskette und umgekehrt wird mit jeder Anweisung ein Satz, der Pufferinhalt, übertragen.

Jede E/A Anweisung bezieht sich auf die davor stehende FIELD-
Anweisung. Es ist damit möglich, den Sätzen verschiedenen Aufbau zu geben. Die Satzlänge muß aber im gesamten Programm konstant bleiben.

Beispiel 51. Telefonverzeichnis_mit_direktem Zugriff.
Das Verzeichnis des Beisp. 49, S. 154 wird jetzt mit direktem
Zugriff aufgebaut. Jeder Satz wird nach der Tastatureingabe
unmittelbar auf die Diskette gespeichert. Im zweiten Teil
des Programms wird der direkte Zugriff gezeigt.

```
10  'BEISP. 51, AUFBAU DIREKT. DATEI. DATEI B51DIR
30   CLS   'VON TASTATUR AUF DISKETTE
40   PRINT "MEHRFACH NAME UND TELEFON-NR. DURCH KOMMA"
50   PRINT "GETRENNT EINGEBEN, NACH JEDEM PAAR ENTER."
60   PRINT "DATENENDE IST DER NAME XXX,"
70   PRINT "DANN NOCH EINE TELEFON-NR. EINGEBEN."
80   OPEN "TELEDIR" AS #1 LEN = 22
90   FIELD #1, 20 AS PNAM$, 2 AS PNR$ : I = 2
100  INPUT "NAME, NR: ", NAM$, NR
110  IF NAM$ = "XXX" THEN GOTO 130
120   LSET PNAM$ = NAM$ : RSET PNR$ = MKI$(NR)
125   PUT #1, I : I = I + 1 : GOTO 100
130  'KOPFSATZ
140  LSET PNAM$ = " " : RSET PNR$ = MKI$(I-2) : PUT #1, 1
160  '
170  'VON DISKETTE AUF SCHIRM, DIREKTER ZUGRIFF
180  GET #1, 1 : ANZ = CVI(PNR$)
190  PRINT : PRINT : PRINT "TELEFONVERZEICHNIS" : PRINT
200  PRINT "DAS VERZEICHNIS ENTHAELT"; ANZ;
            " EINTRAEGE" : PRINT
210  PRINT "GEBEN SIE EINE SATZNR. EIN."
220  PRINT "EINE NR. > "; ANZ; " BEDEUTET PROGRAMMENDE."
230  INPUT "SATZNR.: ", NR
240  IF NR > ANZ THEN GOTO 260
250   GET #1, NR+1 : PRINT PNAM$, CVI(PNR$) : GOTO 230
260  CLOSE #1 : END
```

8.3 DATENSTRUKTUREN

Bei der Lösung eines umfangreichen Problems der Dateiverarbeitung wird zunächst eine logische Datenstruktur entwickelt. Ihre
Realisierung ergibt die physische Datenstruktur und schließlich
erfolgen Entscheidungen über die Zugriffsart. Bei der Behandlung der Programmentwicklung wurde in diesem Buch der entsprechende Weg eingeschlagen. Zunächst wurden Programmstrukturen

beschrieben, dann erfolgte die Realisierung im Programm. Für die Dateiverarbeitung wurde aus folgenden Gründen der umgekehrte Weg beschritten: Die Behandlung dieses Gebietes muß sich noch mehr auf die Anfangsgründe beschränken, als die der Programmentwicklung. Dann ist es aus didaktischen Gründen sinnvoller, zunächst mit dem "handwerklichen" zu beginnen und am Schluß die Theorie nur anzudeuten. Ferner ist man bei der Beschränkung auf eine Programmiersprache und/oder ein Betriebssystem stärker an vorgegebene Datenstrukturen gebunden als an Programmstrukturen. Weiteres findet man in [17].

8.3.1 Logische Datenstrukturen

Sie beschreiben die Beziehungen (Relationen) zwischen den Sätzen einer Datei oder menreren Dateien. Eine häufige Struktur, die auch vom DOS des IBM PC unterstützt wird, ist die Hierarchie (Baumstruktur). Jedes Element (mit Ausnahme der Spitze) der Struktur hat genau ein "Oberelement" und kann mehrere "Unterelemente" haben. Bild 32 zeigt eine mögliche Gliederung der Datenbank eines Betriebes. Eine Schwäche der Hierarchie sind die meist unvermeidlichen Mehrfachspeicherungen. Im vorliegenden Beispiel gibt es sicher Daten und Programme, die sowohl von der Fertigungs- als auch von der Konstruktionsabteilung gebraucht werden. Wenn man beiden Abteilungen Zugriff zu den gleichen Daten und Programmen ermöglicht, liegt keine hierarchische Struktur mehr vor. Eine Struktur, bei der beliebige Beziehungen zwischen den Elementen bestehen, heißt ein Netzwerk. Es ist schwieriger zu realisieren.

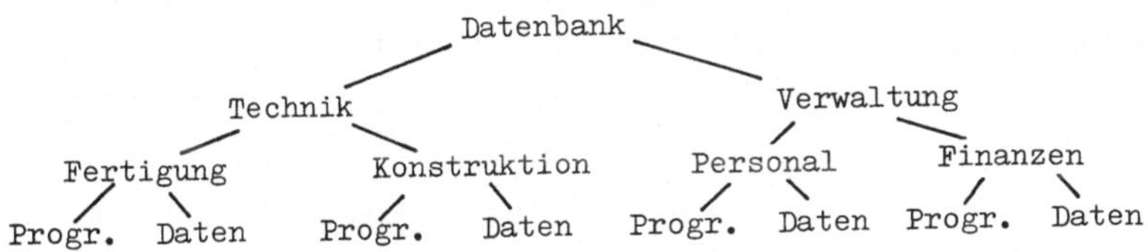

Bild 32   Hierarchie

Bei der Beurteilung einer Struktur spielt eine Rolle, wie die auf S. 147 genannten Grundaufgaben der Dateiverarbeitung mit dieser Struktur gelöst werden können.

8.3.2 Physische Datenstrukturen

Hierunter versteht man die Anordnung der Sätze bezw. der Dateien im Speicher. Sie hängt eng mit den Zugriffsverfahren zusammen. Zu den vorstehend genannten Beurteilungskriterien kommen die der Speicherausnutzung und der Verarbeitungszeit hinzu. Der Einfachheit halber beschränkt sich das folgende auf die Struktur einer Datei.

Bei sequentiellem Zugriff ist auch nur eine sequentielle Struktur möglich. Für eine sinnvolle Benutzung müssen die Sätze nach einem Ordnungsbegriff, dem sog. Schlüssel, sortiert sein. Als Schlüssel dient eine Kenn.Nr. oder ein Kennwort. Wenn eine nach einem bestimmten Schlüssel sortierte Datei nach einem anderen Schlüssel umsortiert wird, spricht man von einer invertierten Datei (s.Aufg. 44, S. 163).

Bei Dateien mit direktem Zugriff gibt es verschiedene Strukturen. Die häufigsten sind:

Bei der direkten Adressierung ist die Schlüsselnummer gleich der Satzadresse. Dann braucht die Datei nicht sortiert zu sein. Das Suchen und der Änderungsdienst sind sehr einfach. Nachteilig ist die ungünstige Speicherausnutzung, weil die Schlüsselnummern meist keine fortlaufende Zahlenfolge bilden.

Um diesen Nachteil zu beseitigen, wird beim Hash-Code aus der Schlüsselnummer oder einem anderem Merkmal des Satzes die Satzadresse berechnet. Das Problem liegt hier in der ein-eindeutigen Zuordnung.

Eine weitere Möglichkeit bietet die Verkettung der Sätze. Im letzten Feld jedes Satzes wird die Adresse des "nächsten" Satzes gespeichert. Dies ergibt einen einfachen Änderungsdienst und eine gute Speicherausnutzung. Nur das Suchen ist mühsam, weil es sequentiell erfolgen muß.

Schließlich sind auch Dateien mit direktem Zugriff oft nach
einem Schlüssel sortiert, der keine Beziehung zur Satzadresse
hat. Hier sind alle Kriterien mittelmäßig erfüllt. Günstig
ist die Möglichkeit des binären Suchens (s. Aufg. 47,S.164).

Die bisher betrachteten Dateien waren einstufig. Wenn sie umfangreich sind, wird ihre Verarbeitung zeitaufwendig. Dieses
Problem kann durch eine Gliederung in mehrere Stufen gelöst
werden. Als Beispiel wird die sehr häufig benutzte zweistufige
index-sequentielle Datei näher behandelt.

Ähnlich wie ein Buch in Abschnitte eingeteilt wird, deren Über-
schriften und Seitenzahlen in einem Inhaltsverzeichnis voran-
gestellt werden, enthält diese Datei eine Indextafel (Inhaltsverzeichnis), in die die Anfänge und Adressen von Daten-
blöcken (Abschnitte) verzeichnet sind. Der Zugriff zu einem
Satz eines Datenblockes erfolgt über die Indextafel. Die Speicherung in der Indextafel und in den Blöcken ist sortiert (= sequentiell). Im Prinzip ist auch ein sequentieller Zugriff möglich, die Verarbeitung wird aber wesentlich komfortabler, wenn
ein direkter Zugriff vorhanden ist.

Wenn z.B. in der in Bild 33 gezeigten Datei der Satz "Kaiser"
gesucht wird, so wird zunächst in der Indextafel festgestellt,
daß er im 2. Block liegen muß, dessen Anfangsadresse in der
Indextafel gespeichert ist. Dieser Block wird in den Arbeitsspeicher eingelesen und durchsucht (sequentiell oder binär).
Entsprechend braucht bei einer Änderung nur ein Block eingelesen und geändert werden (wobei bei Neuzugängen meist eine
Neusortierung des Blockes erforderlich ist). Die Blockadressen

Satz	Indextafel			1.Block		2.Block		3.Block		4.Block
1	A	13	13	A	25	G	37	M	49	S
2	G	25	14	Abel	26	Ganter	38	Neu	50	Schütz
.	M	37	.	Baier	.	Kaiser	.	Pfaff	.	Vogel
.	S	49	.	Fritze	.	ZZZ	.	Rieger	.	ZZZ
.	ZZZ	999	.	ZZZ	.	ZZZ	.	ZZZ	.	ZZZ
	...			...		...		...		...
12	ZZZ	999	24	ZZZ	36	ZZZ	48	ZZZ	60	ZZZ

Bild 33 Index-sequentielle Datei

in der Indextafel brauchen keine steigende Zahlenfolge bilden.
Wenn z.B. ein neuer Buchstabe eingefügt werden soll, kann der
betreffende Block hinter den anderen gespeichert werden. Ein
Problem besteht beim Aufbau in der Schätzung der zweckmäßigen
Blockgröße. Es ist genügend Platz für Neuzugänge zu lassen,
jeder Block sollte aber im Arbeitsspeicher Platz haben.

Beispiel 52. <u>Aufbau einer index-sequentiellen Datei.</u>
Es ist ein Programm zum Aufbau der in Bild 33 gezeigten Datei
zu schreiben. Der Einfachheit halber besteht sie aus nur 4
Blöcken zu je 12 Sätzen, davon nur je max. 10 echte Datensätze.
Damit die Such- und Sortierverfahren funktionieren, muß nämlich das Schlüsselwort des 1. Satzes jeden Blocks kleiner und
das des letzten Satzes größer sein als die möglichen Schlüsselworte der Datensätze.

Die Indextafel wird vom Programm erstellt. Der Benutzer hat
nur die tatsächlichen Datensätze einzugeben. Als Datenende jeden Blocks ZZZ. Das Auffüllen bis zum Blockende erfolgt ebenfalls durch das Programm. Man beachte, daß für die Indextafel
und die Datenblöcke verschiedene FIELD-Anweisungen benutzt werden.

```
10 'BEISP. 52 AUFBAU EINER INDEX-SEQU.DATEI. DATEI B52INSEQ
20  CLS : OPTION BASE 1 : DIM B$(4)
30  PRINT "AUFBAU EINER INDEX-SEQU. DATEI" : PRINT
40  OPEN "INSDATEI" AS #1 LEN = 40
50 'INDEXTAFEL
60  FIELD #1, 38 AS PB$, 2 AS PNR$
70  DATA A, G, M, S
80  FOR I = 1 TO 4
90   READ B$(I) : LSET PB$ = B$(I) :
       RSET PNR$ = MKI$((12*I)+1) : PUT #1,I
100 NEXT I
110 FOR I = 5 TO 12
120  LSET PB$ = "ZZZ" : RSET PNR$ = MKI$(999) : PUT #1, I
130 NEXT I
140 'EINGABE DER DATENBLOECKE
150 PRINT "FUER JEDEN BLOCK MAX.10 NAMEN ZU JE MAX.40 ZEICHEN"
160 PRINT "EINGEBEN. DATENENDE FUER JEDEN BLOCK IST ZZZ " : PRINT
170 PRINT "DIE INDEXTAFEL WIRD PER PROGRAMM ERLEDIGT."
180 PRINT "1. BLOCK ANFANGSBUCHSTABEN A - F"
190 PRINT "2. BLOCK ANFANGSBUCHSTABEN G - L"
200 PRINT "3. BLOCK ANFANGSBUCHSTABEN M - R"
210 PRINT "4. BLOCK ANFANGSBUCHSTABEN S - Z" : PRINT
```

```
220 FIELD #1, 40 AS PSATZ$
230 FOR I = 1 TO 4
240 PRINT I;"-TER BLOCK" : ADR = 12*I + 1
250 LSET PSATZ$ = B$(I) : PUT #1, ADR
260   FOR J = 1 TO 10
270     ADR = ADR+1 : INPUT "NAME: ", NAM$
280     LSET PSATZ$ = NAM$ : PUT #1, ADR
290     IF NAM$ = "ZZZ" GOTO 310
300   NEXT J
310   FOR K = J TO 12
320     ADR = ADR+1 : LSET PSATZ$ = "ZZZ" : PUT #1, ADR
330   NEXT K
335 PRINT
340 NEXT I
350 CLOSE #1 : PRINT  : PRINT
360 'SEQUENTIELLES LESEN
370 OPEN "INSDATEI" AS #1 LEN = 40
380 FIELD #1, 38 AS PB$, 2 AS PNR$
390 PRINT "INDEXTAFEL" : PRINT
400 FOR I = 1 TO 12
410 GET #1, I : PRINT PB$, CVI(PNR$)
420 NEXT I
430 PRINT : FIELD #1, 40 AS PSATZ$
440 FOR I = 1 TO 4
450   PRINT I;"-TER BLOCK"
460   FOR J = 1 TO 12
470     ADR = 12*I + J : GET #1, ADR : PRINT PSATZ$
480   NEXT J
490   PRINT
500 NEXT I
510 END
```

8.4 AUFGABEN

43. Sequentielles Suchen.
Durch mehrfaches Eingeben eines Namens ist in der Telefondatei
des Beisp. 48, S. 152 nach der entsprechenden Telefonnummer zu
suchen. Die Nummer ist in der gleichen Bildschirmzeile auszugeben wie der eingegebene Namen. Wenn der Name nicht gefunden
wird, ist auszugeben "Name nicht in der Datei.". Programmende
ist die Eingabe von XXX. Es ist anzunehmen, daß die Datei so
umfangreich ist, daß sie nicht im Arbeitsspeicher Platz hat.
Zum Suchen ist sie deshalb jedesmal satzweise von vorn zu lesen.

44. Invertieren. Die Datei des Beisp. 48, S. 152 ist in zwei
Bereiche einzulesen. Im Kopfsatz steht die Anzahl der Sätze.
Dann sind mit dem in Beisp. 33, S. 112 gezeigten Verfahren die

Telefonnummern zu sortieren. Dies Verfahren ist als UP zu
schreiben. Schließlich ist die invertierte Datei aufzubauen.
Das 1. Feld jeden Satzes ist die Telefonnummer und das 2. Feld
der Namen. Die invertierte Datei ist auf die Diskette zu speichern und zur Kontrolle auf dem Bildschirm auszugeben.

45. Mischen zweier Dateien. Die Stamm- und Bewegungsdatei
des Beisp. 50, S. 155 sollen zu einer dritten Datei gemischt
werden. Diese Datei soll für jeden Kunden zunächst seinen Stammsatz und dann sämtliche Bewegungssätze enthalten.

46. Sortieren. Die Daten des Sortierprogrammes Beisp. 33,
S. 112 befinden sich auf einer sequentiellen Datei UNSORT.
Sie besteht aus maximal 10 Sätzen zu je 10 Zahlen und wurde
mit WRITE gespeichert. Diese Datei ist in einen Bereich einzulesen. Dabei ist die tatsächliche Anzahl der Sätze und die Anzahl der Felder im letzten Satz (die kleiner als 10 sein darf)
festzustellen. Dann sind die Zahlen mit dem als UP zu schrei-
benden Verfahren des genannten Beispiels zu sortieren und in
einer Datei SORT zu speichern. In dieser Datei sind im Kopfsatz die Anzahl der Sätze und die Anzahl der Felder im letzten
Satz anzugeben.

47. Binäres Suchen. Dieses Verfahren ist bei umfangreichen
Dateien erheblich schneller als das sequentielle Suchen. Es
wird angewandt, wenn in einer Datei mit direktem Zugriff der
sortierte Ordnungsbegriff nicht mit den (laufend numerierten)
Satzadressen übereinstimmt. Der Einfachheit halber werden hier
noch folgende Voraussetzungen gemacht: die kleinste und die
größte Satzadresse MIN und MAX des Suchbereiches sind bekannt.
Der Ordnungsbegriff besteht aus ganzen positiven Zahlen.

Verfahren: Aus MIN und MAX wird eine mittlere Adresse als ganz-
zahliges (abgerundetes) arithmetisches Mittel berechnet. Dieser
Satz wird gelesen und sein Ordnungsbegriff DATNR mit dem gesuchten Ordnungsbegriff SUCHNR verglichen. Ist DATNR < SUCHNR,
so liegt SUCHNR in der "oberen" Hälfte der Datei. Diese Hälfte
wird wieder halbiert und der mittlere Satz gelesen. Von dieser

laufenden Halbierung stammt der (nicht sehr glücklich gewählte)
Namen des Verfahrens. Das Halbieren endet, wenn entweder DATNR
= SUCHNR ist, dann ist der Begriff in der Datei enthalten; oder
wenn zweimal die gleiche mittlere Adresse erhalten wird, dann
ist der gesuchte Begriff nicht in der Datei enthalten. Der
letzte Satz der Datei kann mit diesem Verfahren nicht gefunden
werden, er muß deshalb einen Ordnungsbegriff haben, der größer
als alle gesuchten ist.

```
Beispiel:   SUCHNR = 215              1.  3.  2. Suchschritt
                                      ↓   ↓   ↓
Satzadressen          1   2   3   4   5   6   7   8   9   10
Ordnungsbegriff    147 188 210 211 213 215 220 225 226 999
```

Die vorstehende Datei befindet sich unter dem Namen "BINSUCH"
auf der Diskette. Jeder Satz besteht aus dem Ordnungsbegriff
und einem Personennamen. Es ist ein Programm für das binäre
Suchen zu schreiben.

48. _Änderungsdienst_. In die index-sequentielle Datei des
Beisp. 52, S. 162 soll ein neuer Name eingefügt werden. Das
Programm besteht aus folgenden Schritten: Indextafel einlesen;
neuen Namen eingeben; richtigen Block sequentiell suchen (als
UP) und einlesen; neuen Namen als letzten Satz des Blocks
speichern; mit dem Sortierverfahren der Aufg. 33, S. 131 (als
UP) den Namen an die richtige Stelle bringen; geänderten Block
auf Diskette zurück speichern.   Hinweis: "A" < "A "

9   GRAPHISCHE DATENVERARBEITUNG

Einfache graphische Darstellungen mit den normalen Schriftzeichen wurden bereits in Abschn. 6.2 behandelt. Um eine "echte" graphische Ausgabe zu erhalten, muß ein entsprechender Bildschirm vorhanden sein, bei dem jeder einzelne Bildpunkt (pixel) ansteuerbar ist (s.S. 17). Das auf dem Schirm erzeugte Bild kann dann auch auf einem Drucker ausgegeben werden. Beim IBM PC ist hierzu das Systemkommando

| GRAPHICS | zu geben.

Dann kann mit den Tasten ⇑ PrtSc ein graphischer Bildschirminhalt auf dem Drucker ausgegeben werden. Für gehobenere Ansprüche gibt es Zweikoordinatenschreiber (plotter), bei denen entsprechend wie auf dem Bildschirm einzelne Punkte ansteuerbar sind. Ferner sei wiederholt, daß für umfangreichere Probleme spezielle Softwaresysteme angeboten werden. Weiteres s. [10].

Die BASIC-Norm bietet eine Reihe von graphischen Anweisungen, mit denen z.B. Maßstäbe festgelegt, Beschriftungen erzeugt und Diagramme transformiert (d.h. gedreht, verschoben und verstreckt) werden können. Die hier behandelten Möglichkeiten des IBM PC sind wesentlich bescheidener und auch nicht normgerecht.

9.1 KOORDINATEN. AUFLÖSUNG

Mit der Anweisung | SCREEN n | wird der

Bildschirm gelöscht und auf einen bestimmten "Modus" eingestellt. Es bedeuten

    n = 0   Textmodus

    n = 1   graphischer Modus mit mittlerer Auflösung, d.h.
            320 Bildpunkte oder 40 Textzeichen pro Zeile

    n = 2   graphischer Modus mit hoher Auflösung, d.h. 640
            Bildpunkte oder 80 Textzeichen pro Zeile

In senkrechter Richtung sind bei beiden Auflösungen stets nur 200 Bildpunkte ansteuerbar. Deshalb genügt im allg. die mittl. Auflösung. Bei Beschriftungen sind allerdings dann die Text-

zeichen recht groß, weshalb manchmal die höhere Auflösung
mit der normalen Schrift gewählt wird. Mit der SCREEN-Anwei-
sung können auch Farben gewählt werden, das wird hier nicht behandelt. Um aus dem graphischen Modus mit mittl. Auflösung in
den normalen Textmodus zu gelangen, sind die Anweisungen
SCREEN 0   WIDTH 80   erforderlich.

Die in den folgenden Anweisungen auftretenden <u>Bildschirmkoordi-
naten</u> sind die Nummern der eben erläuterten Bildpunkte. Die
nebenstehende Skizze zeigt die Koordi-
naten der Ecken des "größten Rechtecks"
bei mittlerer Auflösung. Wie man sieht,
liegt der Koordinatenursprung (entsprechend dem der LOCATE-Anweisung im
Textmodus) in der linken oberen Ecke des
Schirms. In Beisp. 54, S. 171 ist gezeigt, wie er in die untere
linke Ecke verlegt werden kann.

Die Abmessungen des größten Rechtecks betragen bei den hier benutzten Geräten

Bildschirm   245 mm mal 166 mm   Drucker   203 mm mal 140 mm.

(Bei anderen Rechnern sind beide Rechtecke gleich groß).

Die Anzahl der Bildpunkte pro Längeneinheit wird als <u>Auflösung</u>
bezeichnet. Sie beträgt bei mittl. Auflösung in pixel/mm

	Bildschirm	Drucker
x-Richtung	ALSHX = 319/245 = 1.3020	ALDRX = 319/203 = 1.5714
y-Richtung	ALSHY = 199/166 = 1.1988	ALDRY = 199/140 = 1.4214

Diese Auflösung ist für eine brauchbare Ingenieurgraphik recht
klein, sie sollte etwa bei 5 liegen.

Zwischen einer Bildschirmkoordinate und der entspr. <u>geometri-
schen Koordinate</u> besteht die Beziehung

Bildschirmkoordinate = geom. Koordinate mal Auflösung

9.2 ZEICHNEN EINER STRECKE. BESCHRIFTUNG

Die gesamte Graphik wird im wesentlichen mit der folgenden
Anweisung erzeugt (die gewählten Variablennamen sind will-

kürlich)
> LINE [(XB1,YB1)] - (XB2,YB2) [,0]

Der Lichtpunkt wird in seiner augenblicklichen Stellung abgestellt und zum Punkt mit den Bildschirmkoordinaten XB1,YB1
bewegt. Dort wird er angestellt und die Punkte mit den Koordinaten XB1,YB1 und XB2,YB2 werden durch eine Gerade verbunden.
Wenn die erste [ ] Klammer fehlt, dann ist der Anfangspunkt der
Strecke die augenblickliche Stellung des Lichtpunktes. Wenn
die zweite [ ] vorhanden ist, wird der Lichtpunkt im abgestell-
ten Zustand bis zum Punkt XB2,YB2 bewegt. Beim plotter entspricht dem Abstellen des Lichtpunktes das Anheben des Schreib-
stiftes.

Im folgenden Beispiel werden nur Rechtecke gezeichnet. Gekrümm-
te Kurven müssen aus vielen kleinen Strecken zusammengesetzt
werden.

Beispiel 53. Histogramm
Die Häufigkeitsverteilung der Merkmalswerte einer Stichprobe
wird oft in einem Histogramm dargestellt [5]. Auf der Abszisse
werden die Klassenmitten (oder -grenzen) aufgetragen, auf der
Ordinate die absoluten oder relativen Häufigkeiten in den Klassen. Die Beschriftung des Diagramms mit diesen Werten wird
hier der Einfachheit weggelassen. Das Diagramm soll die Größe
100 mm mal 100 mm auf dem Drucker haben.

Eingabewerte: Anzahl k der Klassen, in die die Abszisse eingeteilt wird; der maximale Ordinatenwert y_{max} (oft werden relative Häufigkeiten in % angegeben, dann ist y_{max} = 100). Dann
werden die Häufigkeiten in den einzelnen Klassen eingegeben.

Mit der DATA-Anweisung werden die Ecken des Diagramms in Bildschirmkoordinaten festgelegt. Die Werte für XB1 = 50 und YB1=
160 der linken unteren Ecke sind relativ beliebig. Für die

Enden der Koordinatenachsen ergibt sich

$$XB2 = XB1 + 100 * ALDRY = 207 \quad YB2 = YB1 - 100 * ALDRY = 18$$

Da die Dateneingabe zweckmäßigerweise vor dem Zeichnen erfolgt, werden Bereiche benötigt. In Anw.Nr. 70 ist DXB die Breite eines Rechtecks und DYB die maximale Höhe der Rechtecke in Bildschirmkoordinaten. Mit der Schleife Anw.Nr. 90 - 130 werden die y-Werte eingelesen und in Bildschirmkoordinaten umgerechnet. Desgleichen werden die Bildschirmkoordinaten der Klassengrenzen berechnet. Dann erfolgt die graphische Ausgabe. Zunächst werden Ordinate und Abszisse gezeichnet, dann in der Schleife Anw.Nr. 180 - 220 die Rechtecke für die Klassen.

```
10   'BEISP.53, HISTOGRAMM. DATEI B53HISTG
20   DATA 50,  207, 160, 18
30   READ XB1, XB2, YB1, YB2
40   INPUT "YMAX, K "; YMAX, K
50   DIM XB(K), YB(K)
60   XB(0) = XB1 : YB(0) = YB1
70   DXB = 157/K : DYB = 142
80   'EINGABE DER HÄUFIGKEITEN
90   FOR I = 1 TO K
100  INPUT Y
110  YB(I) = YB1 - (Y/YMAX)*DYB
120  XB(I) = XB1 + I*DXB
130  NEXT I
140  'HISTOGRAMM
150  CLS : SCREEN 1
160  LINE (XB1,YB2) - (XB1,YB1) 'ORDINATE
170  LINE  - (XB2,YB1)          'ABSZISSE
180  FOR I = 1 TO K
190  LINE (XB(I-1),YB(0)) - (XB(I-1),YB(I))
200  LINE - (XB(I), YB(I))
210  LINE - (XB(I), YB(0))
220  NEXT I
230  END
```

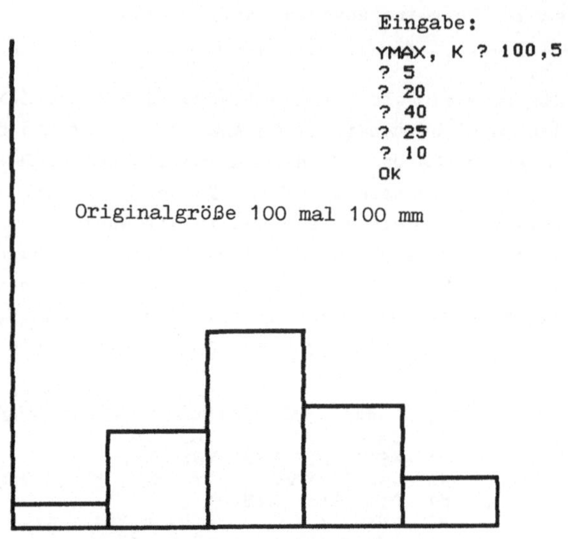

Bild 34   Histogramm

Beschriftung

Ein Vorteil des IBM PC besteht darin, daß die Beschriftung
nach der Ausgabe des Diagramms manuell über die Tastatur erzeugt werden kann. Eine genaue Plazierung der Beschriftung
durch das Programm ist nämlich recht mühsam, insbesondere wenn
die Anzahl der Ziffern von Zahlen nicht vorher bekannt ist.

Mit der Anweisung SCREEN 1 für mittlere Auflösung wird automatisch auf 40 Zeichen pro Zeile (WIDTH 40) umgestellt. Die
25 Zeilen bleiben unverändert. Ein Schriftzeichen wird durch
7 mal 7 Bildpunkte dargestellt. Zwischen je zwei Zeichen und
Zeilen bleibt ein Punkt Abstand. Damit ergeben sich wieder
$40 * 8 = 320$ Punkte in x-Richtung und $25 * 8 = 200$ Punkte in
y-Richtung. In Zeile 25 stehen die Bezeichnungen der keys, die
mit KEY OFF gelöscht werden können. Wenn nach einem Schreiben
in Zeile 24 das EOL-Zeichen gegeben wird, rückt der gesamte
Bildschirminhalt automatisch um eine Zeile nach oben. Dieser

Effekt zerstört das Diagramm !

Im Programm wird die Beschriftung mit LOCATE- und PRINT-Anweisungen erzeugt (s.Abschn. 5.6.3). Damit können die Schriftzeichen nur an die "normalen" Schreibstellen der 40 Zeichen und 24 Zeilen plaziert werden.

In der Norm gibt es eigene Anweisungen für Beschriftungen, mit denen z.B. auch die Schriftgröße variiert werden kann.

9.3 MAßSTAB. DIAGRAMM

Nur in einfachen Fällen wird man geometrische Koordinaten benutzen. Meist sind die Variablen physikalische Größen, deren Zahlenwerte als "Problemkoordinaten" bezeichnet werden.
Definiert man in Anlehnung an die Definition auf S. 123

$$\text{Bildschirm-maßstab} = \frac{\text{Differenz von Bildschirmkoordinaten}}{\text{Differenz der entspr. Problemkoord.}}$$

So gilt

$$\text{Bildschirmkoordinate} = \text{Problemkoord.} * \text{Bildschirmmaßstab}$$

In Anlehnung an die entspr. Anweisungen der Norm erfolgt im folgenden Beispiel die Berechnung der Bildschirmkoordinaten in folgenden Schritten:

1. Eingabe der geom. Koordinaten der Ecken eines Diagramms
2. Eingabe der entspr. Werte der physikalischen Größen.

Daraus werden zunächst die Bildschirmkoordinaten der Ecken und dann die Bildschirmmaßstäbe berechnet.

Beispiel 54. Funktionsdiagramm.
Zunächst ist ein Koordinatennetz mit Beschriftung zu zeichnen. Dies ist der schwierigere Teil der Aufgabe und wird als UP ab Anw.Nr. 1000 geschrieben. Es soll möglichst flexibel einsetzbar sein. Das Berechnen und Zeichnen der Punkte des Graphen ist dann überraschend einfach und bildet das HP mit einem kurzen UP ab Anw.Nr. 2000.

Das UP Anw.Nr. 1000 beginnt mit der vorstehend geschilderten
Dateneingabe. Die DATA-Anw.Nr. 1150 gibt die Auflösungen für
den Drucker (s.S. 167). In Anw.Nr. 1170 wird für Y eine Zähl-
richtung senkrecht nach oben erzeugt. Der Maßstab MY wird negativ, dadurch erhält man in Anw.Nr. 2010 für beide Koordinaten
analoge Formeln. Die in Anw.Nr. 1190 berechnete x-Differenz,
die dem Abstand zweier Bildpunkte entspricht, wird im HP in
Anw.Nr. 60 als Schrittweite bei der Berechnung der Punkte des
Graphen benutzt.

Mit dem Zeichnen des Netzes wird auch die Beschriftung erzeugt.
Dies ist der schwächste Teil des Programms. Die LOCATE-Anwei-
sungen gelten in dieser Form nur, wenn die x,y-Werte einstel-
lige Zahlen sind. Der Nenner 8 ergibt sich aus den 8 Bildpunk-
ten pro Zeichen.

```
10   'BEIPS.54 FUNKTIONSKURVE. DATEI B54DIAG
30   DEF FNY(X) = 2*SIN(X) + SIN(2*X)
40   GOSUB 1000 'MASSTAEBE UND KOORDINATENNETZ
50   'ZEICHNEN DER KURVE
60   FOR X = XMIN TO XMAX STEP DDX
70    Y = FNY(X)
80   'ZEICHNEN, WENN IM INTERVALL
90    IF Y>YMIN AND Y<YMAX THEN GOSUB 2000
100 NEXT X
110 END
1000 ' UP KOORDINATENSYSTEM.
1010 ' EINGABE
1020 PRINT "GEBEN SIE DIE GEOM. KOORD. DER RAENDER DES"
1030 PRINT "DIAGRAMMS AUF DEM DRUCKER IN MM EIN:"
1040 PRINT "LINKS, RECHTS, UNTEN, OBEN. DENKEN SIE AN"
1050 PRINT "PLATZ FUER EINE BESCHRIFTUNG AUSSERHALB DES DIA-"
1060 PRINT "GRAMMS. ES MUSS RECHTS < 200 UND OBEN < 140 SEIN."
1070 INPUT LI, RE, UN, OB
1080 PRINT "GEBEN SIE DIE WERTE DER ENTSPR. PHYSIK. "
1090 PRINT "GROESSEN EIN: XMIN, XMAX, DX, YMIN, YMAX, DY."
1100 PRINT "DX UND DY  SIND DIE DIFFERENZEN ZWISCHEN DEN ZU"
1110 PRINT "ZEICHNENDEN KOORDINATENLINIEN."
1120 INPUT XMIN, XMAX, DX, YMIN, YMAX, DY
1130 '
1140 'BILDSCHIRMKOORD. DER ECKPUNKTE
1150 DATA 1.5714, 1.4214 : READ ALDRX, ALDRY
1160 XB1 = LI*ALDRX : XB2 = RE*ALDRX
1170 YB1 = 199 - UN*ALDRY : YB2 = 199 - OB*ALDRY
1175 'MASSTAEBE, MY < 0 !
1180 MX = (XB2-XB1)/(XMAX-XMIN) : MY = (YB2-YB1)/(YMAX-YMIN)
1190 DDX = 1/(ALDRX*MX) 'X-DIFF FUER ABSTAND ZWEIER BILDPUNKTE
```

```
1200 '
1210 'BEGINN DER GRAPHIK
1220 CLS : SCREEN 1 : KEY OFF
1230 'PARALLELEN ZUR ORDINATE
1240 N = INT(.5+(XMAX-XMIN)/DX) : DXB = MX * DX
1250 FOR I = 0 TO N
1260  XB = XB1 + I * DXB : LINE (XB,YB1)-(XB,YB2)
1270 LOCATE (YB1+12)/8, (XB-4)/8 : PRINT XMIN+I*DX
      '+12,WEIL Y POS. NACH UNTEN
1280 NEXT I
1290 LOCATE (YB1+12)/8, (XB-8)/8 : PRINT "X"
1300 'PARALLELEN ZUR ABSZISSE
1310 N = INT(.5+(YMAX-YMIN)/DY) : DYB = MY * DY
1320 FOR I = 0 TO N
1330  YB = YB1 + I * DYB : LINE (XB1,YB)-(XB2,YB)
1340 LOCATE (YB+4)/8, (XB1-12)/8 : PRINT YMIN+I*DY
1350 NEXT I
1360 LOCATE (YB+18)/8, (XB1-4)/8 : PRINT "Y"
1370 LINE -(XB1,YB1),0
1380 RETURN
2000 'PUNKTE DER KURVE
2010 XB = XB1+(X-XMIN)*MX : YB = YB1+(Y-YMIN)*MY
2020 LINE -(XB,YB)
2030 RETURN
```

Eingabewerte:

LI = 30   RE = 150   UN = 18   OB = 138

XMIN = 0   XMAX = 6   DX = 1

YMIN =-3   YMAX = 3   DY = 1

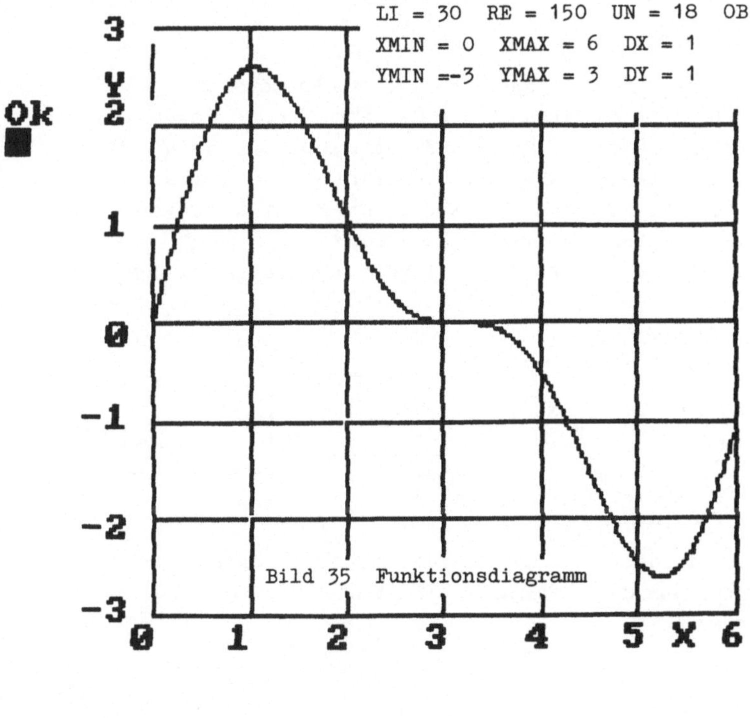

Ok

Bild 35 Funktionsdiagramm

Weitere Anweisungen des IBM PC

Mit $\boxed{\text{LINE (XB1,YB1) - (XB2,YB2),,B}}$ wird ein <u>Rechteck</u>

mit den diagonalen Eckpunkten XB1,YB1 und XB2,YB2 erzeugt.
Man beachte die zwei Kommata.

Mit $\boxed{\text{CIRCLE (XB1,YB1), RB}}$ wird ein <u>Kreis</u> um den Mittel-

punkt XB1,YB1 mit dem Radius RB erzeugt.

Es gibt noch weitere, hier nicht behandelte Anweisungen, die
im wesentlichen der Erzeugung farbiger und sich bewegender
Bilder dienen. Dies ist nicht genormt, wird aber z.B. für
Spielprogramme gebraucht. Im Prinzip entstehen bewegliche Bilder, indem starre Bilder nach kurzer Zeit gelöscht und in
leicht veränderter Form wieder neu erzeugt werden.

9.4 AUFGABEN

49. <u>Zeichnen einer Figur</u>. Es ist ein Programm zum Zeichnen
der nachstehenden linken Figur zu schreiben. Eingegeben werden
die Mittelpunktskoordinaten und der Radius des Kreises in mm
für eine Druckerausgabe. Der Umkreisradius des Sechsecks beträgt 1.5 * Kreisradius. Der Kreis ist selbst zu programmieren.
Hinweis: Man benutze die Parameterform $x = r \cos\varphi$ $y = r \sin\varphi$
mit $0 \leq \varphi \leq 2\pi$. Mit $\Delta\varphi = 0.02$ entsteht der Kreis, mit $\Delta\varphi = \pi/3$
entsteht das Sechseck.

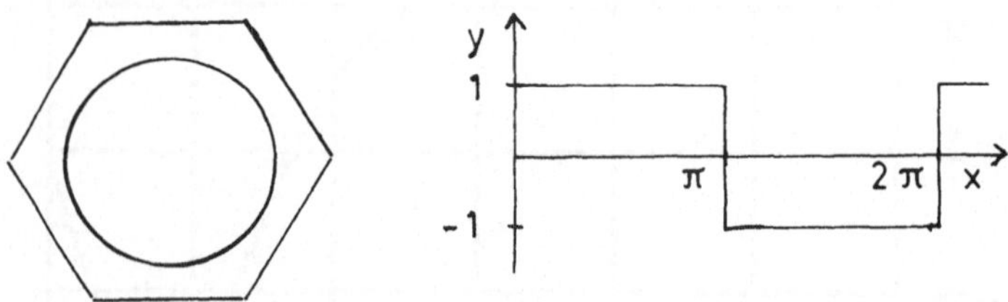

50. Die in der vorstehenden rechten Skizze gezeigte <u>Sprung-
funktion</u> kann durch folgende unendliche Fourier-Reihe dargestellt werden

$$y = \frac{4}{\pi} \sum_{k=0}^{\infty} \frac{\sin(2k+1)x}{2k+1}$$

Es ist ein Programm zu schreiben, durch das im Intervall
$0 \leq x \leq 2\pi$ mit der Schrittweite $\Delta x = 0.02$ die angenäherten
Funktionswerte aus den ersten 11 Gliedern der Reihe berechnet
und ein Diagramm in der Größe 120 mm mal 50 mm auf dem Drucker
ausgegeben wird. Die Beschriftung kann manuell erfolgen.

51. Es ist ein Programm zum Zeichnen eines Diagramms der
van der Waals Gleichung in der Größe 60 mm mal 100 mm zu
schreiben. Die Funktionsgleichung und die Wertebereiche sind
der Aufg. 31, S. 129 zu entnehmen. Hinweis: man benutze das
UP des Beisp. 54, S. 171.

52. Die folgende Relation beschreibt eine Fläche_mit_Sattel-
punkt (im Koordinatenursprung).

$$z = 0.5 * (9 + x^2 - y^2) + 0.5$$

Sie wurde in Aufg. 38, S. 132 als Isogramm dargestellt. Hier
ist ein entsprechendes Diagramm ohne Beschriftung zu zeichnen.
Hinweise: Die Gleichung ist nach y aufzulösen. Für $z = 2,4,6,8$
ist jeweils eine Kurve zu zeichnen. Die x-Achse im hiesigen
Diagramm soll waagerecht liegen. Man beachte das doppelte Vorzeichen der Quadratwurzel.

10 TESTEN VON PROGRAMMEN

Verfahren, mit denen die Korrektheit (Fehlerfreiheit) eines
Programmes bewiesen werden kann, sog. <u>Verifikationsverfahren,</u>
befinden sich noch in der Entwicklung. In der Praxis behilft
man sich heute noch meist mit einer Prüfung, dem sog. Testen,
ob das Programm Fehler enthält. Dabei kann nicht ausgeschlossen werden, daß Fehler unentdeckt bleiben. - Der Arbeitsaufwand für das Testen wird vom Anfänger stets unterschätzt, er
ist etwa genau so groß wie der der Herstellung des Programmes
(s.Abschn. 3.1). Ferner neigt der Anänger schnell dazu, bei
einer vergeblichen Suche nach einem Fehler, dem Rechner die
"Schuld" zu geben. Hardware- und Softwarefehler sind äußerst
selten und wirken sich auch auf andere Programme aus.

Wenn eine Anweisung einen formalen Fehler enthält, stoppt der
Rechner bei der Interpretation und gibt diese Anweisung mit
einer Fehlermeldung aus. Die Fehlermeldung kann einen Hinweis
auf die Art des Fehlers enthalten, oder sehr allgemein sein.
Beim IBM PC wird z.B. "Syntax Error" ausgegeben, wenn der Rechner den Fehler nicht näher identifizieren kann. Auch während
der Durchführung der Rechnung können noch sog. Ausführungs-
fehler angezeigt werden wie z.B. Division durch Null, ein Überlauf (Überschreiten des zulässigen Werteþereiches von Zahlen)
oder ein Überschreiten der Maximalwerte der Indizes von Bereichen.
Der schwierigste Teil des Testens beginnt, wenn keine Fehler
mehr angezeigt werden. Die Mindestanforderung an einen Test
besteht darin, daß das Programm mit einigen plausiblen Wertesätzen der Eingabedaten die gleichen Ergebnisse liefert, die
vorher z.B. mit einem Taschenrechner oder durch eine Messung
erhalten wurden (s.Ziff. 3, S. 33). An einen vollständigen
Test werden erheblich strengere Anforderungen gestellt. Hier
sollen so viele Testläufe durchgeführt werden, daß in jeder
Programmeinheit (HP und UP'e) sämtliche Ausgänge von Verzweigungen erreicht und sämtliche Schleifen durchlaufen wurden.
Ferner sollen auch die Reaktionen des Rechners auf kritische

Eingabedaten (z.B. Null für einzelne oder alle Größen) geprüft werden. Oft ergeben sich hieraus zusätzliche Hinweise für den Benutzer. Allein das Zusammenstellen der für diese Tests benötigen Daten erfordert viel Mühe.

Als Teststrategien können die in Abschn. 4.2.1 geschilderten top-down oder bottom-up Methoden benutzt werden. Im ersten Fall testet man zunächst das HP, indem die von den UP'en zu liefernden Werte z.B. durch READ-DATA Anweisungen ersetzt werden. Oder man testet umgekehrt zunächst die UP'e, indem für jedes UP ein einfaches HP (der sog. driver) geschrieben wird, das nur die erforderlichen Eingangsparameter liefert und die Ausgangsparameter übernimmt. Man kann auch das UP als HP schreiben. In diesem Zusammenhang erhebt sich die Frage nach einer optimalen Programmgröße. Einerseits ist ein Fehler umso einfacher zu finden, je kürzer die zu testende Programmeinheit ist. Andererseits wächst die Wahrscheinlichkeit von Schnittstellenfehlern (falsche Parameterübertragung) mit der Anzahl der Programmeinheiten. Grobe Erfahrungswerte liegen bei 100 Anweisungen pro Programmeinheit. Da beim IBM PC die Parameterübertragung durch den Programmierer erfolgen muß, ist hier die Gefahr der Schnittstellenfehler besonders groß.

Wenn Abweichungen zwischen den Kontrollwerten und denen des Rechners auftreten, kann dies verschiedene Ursachen haben:

1. Die Kontrollwerte sind falsch.
2. Es liegt ein "mathematischer" Fehler vor (s.Ziff. 1,S.33).
3. Bei umfangreichen Rechnungen können erhebliche Rundungsfehler auftreten.
4. Es ist ein Fehler im Programm.

Im folgenden wird nur der 4. Fall betrachtet. Bei einem Fehler werden entweder falsche Werte ausgegeben, oder die Rechnung bricht mit einer Fehlermeldung ab, oder sie gelangt nicht zum Abschluß und muß manuell mit den Tasten Ctrl Break gestoppt werden. Im letzten Fall liegt meist ein Schleifenfehler vor oder eine damit eng zusammenhängende fehlende Konvergenz eines mathematischen Näherungsverfahrens. Bereits die einfache Frage

"wann" (nach 30 s oder nach 30 min ?) gelangt der Rechner nicht
zum Abschluß,kann nicht allgemeingültig beantwortet werden.
Benutzer von Rechenanlagen und der Programmiersprache FORTRAN
seien darauf hingewiesen, daß im Vergleich dazu ein BASIC-Tisch-
rechner erheblich (Faktor 10 bis 100) längere Rechenzeiten hat.

Es bedarf nun vieler Erfahrung und Intuition, um aus der Reak-
tion des Rechners auf die Art und den Ort des verursachenden
Fehlers zu schließen. Die häufigsten Fehlerarten wurden in
Abschn. 4.2.3 behandelt.

Zur Lokalisierung des Fehlers ist der Direktmodus sehr nützlich: man läßt sich nach dem Programmablauf mit unnumerierten
PRINT-Anweisungen die Werte kritischer Variabler ausgeben.
(Mit dem Direktmodus können auch vor dem Ablauf eines UP'es
Parameterwerte eingegeben werden). Auch die STOP-Anweisung
wird viel zum Testen benutzt: nach einem Stop können ebenfalls
Variablenwerte abgefragt werden. Ferner kann mit mehreren Stops
festgestellt werden, bis zu welcher Stelle die Programmausführung fortschreitet.

Wenn beim IBM PC eine Anweisung korrigiert wird, gehen sämtliche Variablenwerte verloren !

Mit den folgenden nicht genormten Anweisungen werden beim IBM
PC der Reihe nach die Anweisungsnummern ausgegeben, die im
Programm durchlaufen wurden. Bei Ausgabeanweisungen werden
nach der Anw.Nr. auch die jeweiligen Werte der Variablen ausgegeben. Dieses Verfahren wird _tracing_ genannt. Mit der linken Anweisung wird es begonnen, mit der rechten beendet.

TRON		TROFF

Diese Anweisungen können an beliebigen Stellen des Programms
eingefügt oder auch vorher oder nachher im Direktmodus gegeben
werden.

A N H A N G

LÖSUNGEN DER AUFGABEN

1. Bei einem Digitalrechner werden die Zahlen durch ihre Ziffern, beim Analogrechner durch entsprechende physik. Größen dargestellt.

2. Zwei Zeichen sind technisch einfach und damit preiswert und störungssicher zu realisieren.

3. RAM = random access memory = Arbeitsspeicher
   ROM = read only memory = Festwertspeicher

4. Leit- und Rechenwerk, Arbeits- und Festwertspeicher

5. Systemsteuerung, Übersetzer, Zugriffssteuerung, Dienstprogramme sowie optionale Erweiterungen.

6. Beim compiler wird vor der Ausführung das gesamte Programm übersetzt und gespeichert, beim interpreter wird jede Anweisung für sich übersetzt und sofort ausgeführt.

7. a) Programm zum Aufbau und Ändern von Dateien. b) Jedes Zeichen auf dem Bildschirm kann geändert werden. Es kann nur eine ganze Zeile bearbeitet werden.

8. BASIC, FORTRAN, PASCAL

9. Beim Teilnehmerbetrieb arbeiten mehrere Benutzer abwechselnd mit der ZE, beim Mehrprogrammbetrieb werden mehrere auf einem peripheren Speicher befindliche Programme nach einer festgelegten Prioritätenfolge verarbeitet.

10. a) Siliziumplättchen mit einer integrierten Schaltung
b) kleine Magnetplatte   c) Softwareprogramm im Festwertspeicher d) Leit- und Rechenwerk e) Speicher, der nur gelesen werden kann, meist für Teile des Betriebssystems f) im Programm benutzte Bezeichnung (Name) für eine Speicherzelle
g) 1 KB = 1024 byte h) kleinste Einheit des Arbeitsspeichers zu der der Benutzer zugreifen kann i) Menge der Kommandos der Steuersprache eines Rechners.

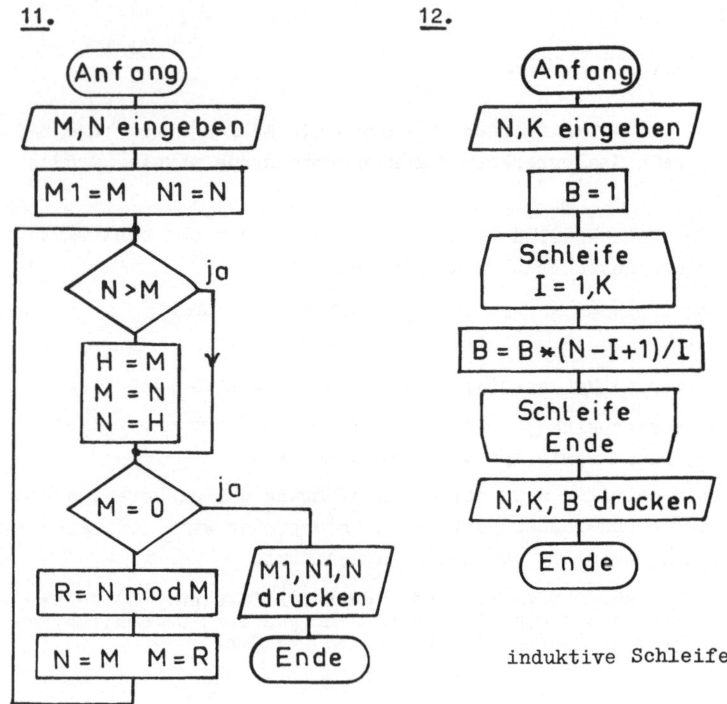

Bild 36
Größter gemeinsamer Teiler

Bild 37
Binomialkoeffizient

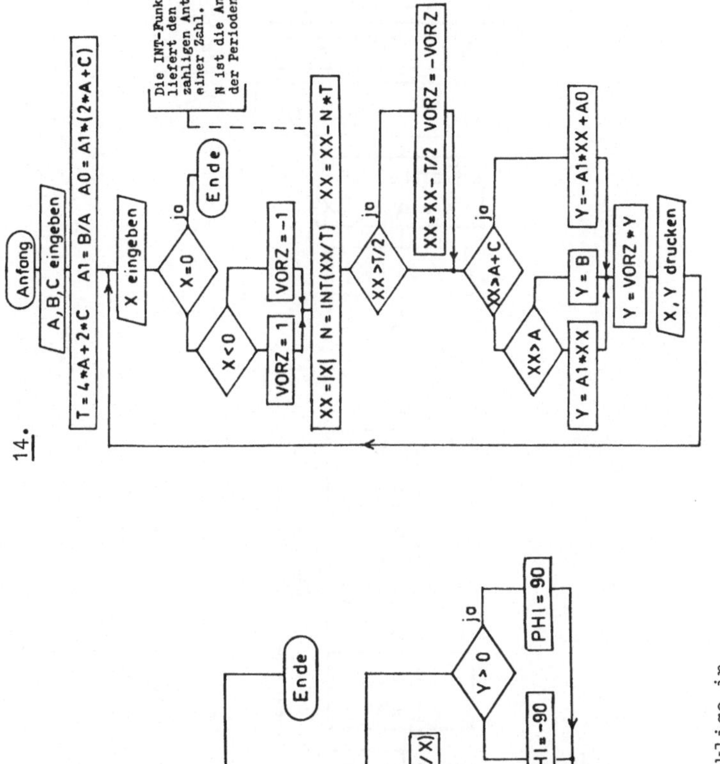

Bild 39 Stückweise stetige Funktion

Bild 38   Rechtwinklige in Polarkoordinaten

15.

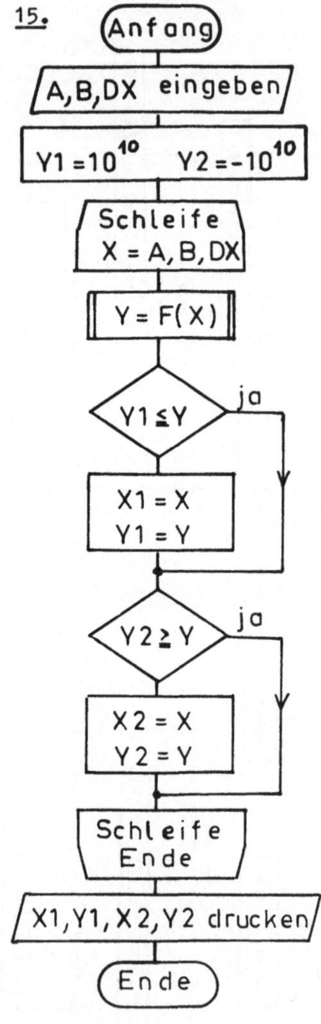

Bild 40
Extremwerte einer Funktion

<u>16.</u>

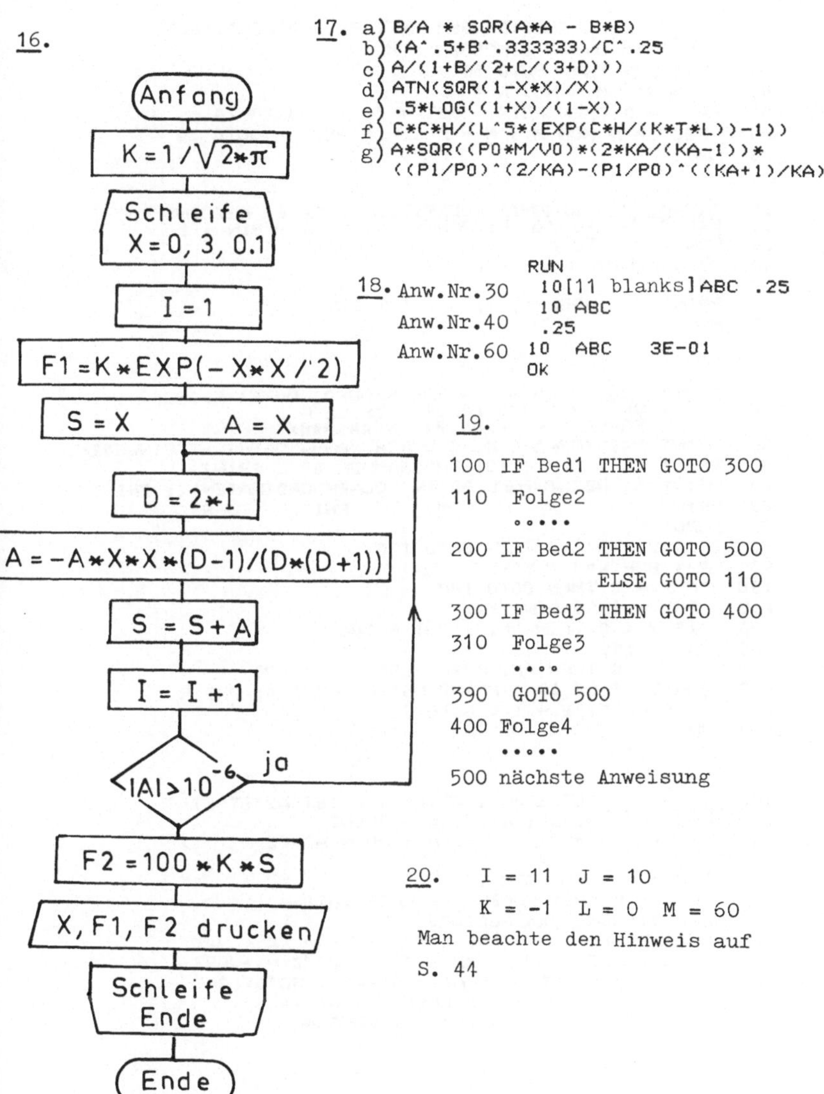

Bild 41 Gauß-Verteilung

<u>17.</u>
a) B/A * SQR(A*A - B*B)
b) (A^.5+B^.333333)/C^.25
c) A/(1+B/(2+C/(3+D)))
d) ATN(SQR(1-X*X)/X)
e) .5*LOG((1+X)/(1-X))
f) C*C*H/(L^5*(EXP(C*H/(K*T*L))-1))
g) A*SQR((P0*M/V0)*(2*KA/(KA-1))*
   ((P1/P0)^(2/KA)-(P1/P0)^((KA+1)/KA))

<u>18.</u> Anw.Nr.30
```
        RUN
        10[11 blanks]ABC  .25
        10 ABC
Anw.Nr.40  .25
Anw.Nr.60  10  ABC     3E-01
        Ok
```

<u>19.</u>

```
100 IF Bed1 THEN GOTO 300
110   Folge2
      . . . . .
200 IF Bed2 THEN GOTO 500
             ELSE GOTO 110
300 IF Bed3 THEN GOTO 400
310   Folge3
      . . . .
390   GOTO 500
400 Folge4
      . . . . .
500 nächste Anweisung
```

<u>20.</u>   I = 11   J = 10

          K = -1   L = 0   M = 60

Man beachte den Hinweis auf
S. 44

```
10    'AUFG. 21, GROESTER GEM. TEILER, DATEI A21GGT
20    INPUT "M UND N EINGEBEN"; M, N
30    IF N > M THEN GOTO 50
40     H = M : M = N : N = H
50    IF M = 0 THEN PRINT "GGT = "; N : GOTO 70
60     REST = N MOD M : N = M : M = REST : GOTO 30
70    END


10    'AUFG. 22, BINOMIALKOEFFIZIENT, DATEI A22BINO
20    INPUT "N UND K<N EINGEBEN. ", N, K : BIN = 1
30    FOR I = 1 TO K
40     BIN = BIN*(N-I+1)/I
50    NEXT I
60    PRINT N;" UEBER"; K; " IST"; BIN
70    END


10    'AUFG. 23, RECHTW. IN POLARKOORD. DATEI A23REPO
20    CLS : GRAD = 180/3.14159 : ZEILE = 7 :
            FORMAT$ = "####.##  ####.####"
30    PRINT "WERTEPAARE X, Y DURCH KOMMA GETRENNT EINGEBEN."
40    PRINT "X = Y = 0 IST PROGRAMMENDE" : PRINT
50    PRINT "   RECHTWINKLIGE IN POLARKOORDINATEN" : PRINT
60    PRINT "        X          Y          PHI          R"
70    INPUT X, Y
80    IF X=0 AND Y=0 THEN GOTO 170
90     R = SQR(X*X + Y*Y)
100   IF X = 0 THEN GOTO 140
110    PHI = GRAD*ATN(Y/X)
120    IF X < 0 THEN PHI = PHI + 180
130     GOTO 150
140   IF Y > 0 THEN PHI = 90 ELSE PHI = -90
150 LOCATE ZEILE,20 : PRINT USING FORMAT$; PHI;R
160 ZEILE = ZEILE + 1 : GOTO 70
170 END


10    'AUFG. 24, STUECKW.STET.FKT, DATEI A24STFKT
20    INPUT "A, B, C"; A, B, C : PRINT
30    T = 4*A + 2*C : A1 = B/A : A0 = A1*(2*A + C)
40    INPUT "X = "; X
50    IF X = 0 THEN GOTO 130
60     IF X < 0 THEN VORZ = -1 ELSE VORZ = 1
70    'REDUZIERUNG DER PERIODE
80    XX = ABS(X) : N = INT(XX/T) : XX = XX - N*T
90    IF XX > T/2 THEN XX=XX -.5*T : VORZ = -VORZ
100 IF XX > A+C THEN Y = A0 - A1*XX : GOTO 120
110   IF XX > A THEN Y = B ELSE Y = A1*XX
120 Y = VORZ * Y : PRINT X; Y : GOTO 40
130 END
```

```basic
10    'AUFG.25, EXTREMWERT. DATEI A25EXTR
20    CLS : PRINT "SCHRANKEN UND SCHRITTWEITE EINGEBEN."
30    INPUT A, B, DX : PRINT
40    Y1 = 1E+10 : Y2 = -1E+10
50    'BEGINN DER SCHLEIFE
60    FOR X = A TO B STEP DX
70     Y = SIN(X)
80     IF Y1 <= Y THEN GOTO 100
90      X1 = X : Y1 = Y
100    IF Y2 >= Y THEN GOTO 120
110     X2 = X : Y2 = Y
120    NEXT X
130    PRINT "X1 = "; X1; "   YMIN = "; Y1
140    PRINT "X2 = "; X2; "   YMAX = "; Y2
150   END


10    'AUFG. 26, GAUSS-VERT, DATEI A26GVERT
20    CLS : PRINT "  G A U S S - V E R T E I L U N G" : PRINT
30    PRINT "    X         PHI(X)         PSI(X)" : PRINT
40    FAKT = 1/SQR(6.28318) : FORMAT$ = "  ##.#    ##.#####      ###.##"
50    'AEUSSERE SCHLEIFE
60    FOR X = 0 TO 3 STEP .1
70     PHI = FAKT * EXP(-.5*X*X)
80     I = 1 : S = X : A = X
90    'INNERE SCHLEIFE
100    D = 2 * I : A = A*(-X*X*(D-1))/(D*(D+1))
110    S = S + A : I = I + 1
120    IF ABS(A) > .000001 THEN GOTO 100
130    PSI = 100*FAKT*S : PRINT USING FORMAT$; X, PHI, PSI
140   NEXT X
150   END


10    'AUFG. 27 KREISBER.  DATEI A27KREIS
20    CLS : PRINT "        KREISUMFANG UND -FLAECHE." : PRINT
30    PRINT "MEHRERE RADIEN EINGEBEN, NACH JEDER ZAHL RETURN,"
40    PRINT " R <= 0 IST PROGRAMMENDE" : PRINT : PRINT
50    PI = 3.14159 : ZEILE = 8
60    FORMAT$ = "###.###      ###.###"
70    PRINT "  RADIUS     UMFANG      FLAECHE"
80    INPUT R
90    IF R <= 0 THEN GOTO 140
100    U = 2 * R * PI : A = R * R * PI
110    LOCATE ZEILE,12
120   PRINT USING FORMAT$; U, A
130    ZEILE = ZEILE + 1 : GOTO 80
140   PRINT : PRINT "PROGRAMMENDE"
150   END
```

```
10    'AUFG. 28 A,B DRUCKAUSGABE, DATEI  A28AUS1
20    'MIT TAB-FUNKTION
30    FOR I = 10 TO 30 STEP 10
40     FOR K = 1 TO 5
50      J = I + 2*(K-1)
60       PRINT TAB(5*K-2);J;
70     NEXT K
80     NEXT I
90    'MIT PRINT USING, EINF. VAR
100 PRINT  : PRINT
110 FORMAT$ = "    ##    ##    ##    ##    ##"
120 FOR I = 10 TO 30 STEP 10
130   PRINT USING FORMAT$; I,I+2,I+4,I+6,I+8
140 NEXT I
150 END


10  'AUFG 29 AUSGABE, DATEI A29AUS2
20   OPTION BASE 1 : DIM A(5)
30   FOR I = 1 TO 3
40    FOR K = 1 TO 5
50     A(K) = 10*I+2*(K-1) : PRINT " "; A(K);
60    NEXT K
70    PRINT
80   NEXT I
90   END


10    'AUFG. 30, VEKTORRECHNUNG. DATEI A30VEKT
20    CLS : OPTION BASE 1 : DIM A(3), CS(3), WINKEL(3)
30    PRINT "       KOMPONENTEN UND RICHTUNGSWINKEL EINES VEKTORS"
40    PRINT
50    PRINT " A(X)   A(Y)   A(Z)   BETRAG  ALPHA    BETA    GAMMA"
60    PRINT  : ZEILE = 5
70    INPUT  A(1), A(2), A(3)
80  'BERECHNUNG
90    BETR = SQR(A(1)^2 + A(2)^2 + A(3)^2)
100   IF BETR = 0 THEN GOTO 230
110   FOR I = 1 TO 3
120    IF A(I) = 0 THEN WINKEL(I)=90 : GOTO 170
130     CS(I) = A(I)/BETR
140    WINKEL(I) = 57.2958*ATN(SQR(1-CS(I)^2)/CS(I))
150    IF A(I) > 0 THEN GOTO 170
160     WINKEL(I) = WINKEL(I) + 180
170 NEXT I
180 'AUSGABE
190 LOCATE ZEILE, 20 : PRINT USING "#####.##"; BETR;
200 FORMAT$ = " ####.## ####.## ####.##"
210 FOR I = 1 TO 3 : PRINT USING FORMAT$; WINKEL(I); : NEXT I
220 ZEILE = ZEILE + 1 : PRINT :  GOTO 70
230 END
```

```
10    'AUFG. 31, VAN DER WAALS. DATEI A31WAALS
20    OPTION BASE 1 : DIM T(5), P(5)
30    DATA 8314, 4.23E5, 3.71E-2 : READ R, A, B
70    CLS : PRINT  : PRINT : PRINT
      "    VAN DER WAALS GLEICHUNG FUER REALE GASE" : PRINT
80    PRINT USING "    A = #.##^^^^ N*M^4    B = #.##^^^^ M^3"; A; B
90    PRINT : PRINT "     T/K"; : FORMAT$ = "########"
100   FOR I = 1 TO 5
110    T(I) = 340 + 20*I : PRINT USING FORMAT$; T(I);
120   NEXT I
130   PRINT : PRINT "V/LITER           D R U C K /BAR"
140   'SCHLEIFE FUER PROGRAMM
150   FOR J = 20 TO 300 STEP 20
160    PRINT USING FORMAT$; J; : V = .001 * J
170   'SCHLEIFE FUER EINE ZEILE
180    FOR K = 1 TO 5
190     P(K) = .00001*(R*T(K)/(V-B) - A/(V*V))
200      IF P(K)<0 OR P(K)>200 THEN P(K) = 0
210      PRINT USING FORMAT$; P(K);
220    NEXT K
230    PRINT
240   NEXT J
250   END


10   'AUFG. 32 QUADR. INTERPOLATION. DATEI A32QUINT
20    CLS : DIM X(20), Y(20)
30   'BERECHNEN DER FUNKTION
40    FOR I = 0 TO 20
50     X(I) = I-10  : Y(I) = .5*X(I)^2 - 20
60    NEXT I
70   'EINGABE UND SUCHEN
80    INPUT " X = ", XX
90    IF XX<X(0) OR XX>=X(19) THEN GOTO 220
100   FOR I = 0 TO 20
110    IF XX <= X(I) THEN GOTO 130
120   NEXT I
130   I = I -1
140   'INTERPOLATION
150   B1 = (Y(I+1)-Y(I))/(X(I+1)-X(I))
160   Z1 = (Y(I+2)-Y(I+1))/(X(I+2)-X(I+1))
170   Z2 = (Y(I+1)-Y(I))/(X(I+1)-X(I))
180   B2 = (Z1 - Z2)/(X(I+2)-X(I))
190   YY = Y(I) + B1*(XX-X(I)) + B2*(XX-X(I))*(XX-X(I+1))
200   'AUSGABE
210   PRINT " X = "; XX, "Y = "; YY : GOTO 80
220   END
```

```
10 'AUFG. 33, SORTIEREN BEIM EINLESEN. DATEI A33SORT3
20  CLS : DIM Z(100)
30  PRINT "MAXIMAL 100 ZAHLEN <= 30000 EINGEBEN, NACH JEDER"
40  PRINT "ZAHL ENTER. Z >= 30000 IST DATENENDE."
50  PRINT  : INPUT Z(0)
60  'EINLESEN UND SORTIEREN
70  FOR I = 1 TO 100
80   INPUT Z(I) : IF Z(I) >= 30000 THEN GOTO 150
90   FOR K = I TO 1 STEP -1
100    IF Z(K-1) <= Z(K) THEN GOTO 120
110     H=Z(K-1) : Z(K-1)=Z(K) : Z(K)=H
120   NEXT K
130 NEXT I
140 'AUSGABE
150 PRINT : PRINT "          "; I; " SORTIERTE ZAHLEN" : PRINT
160 FOR K = 0 TO I-1 : PRINT Z(K); : NEXT K
170 END


10  'AUFG. 34, FUNKTIONSTAFEL ALS MATRIX. DATEI A34GEW2
20  OPTION BASE 1 : DIM S(5), G(10,5)
30  'UEBERSCHRIFT
40  FORMAT$ = "  #####.##"
50  CLS : PRINT "                METERGEWICHT VON STAHLROHR IN N"
60  PRINT : PRINT "       S/MM";
70  FOR I = 1 TO 5
80   S(I) = 2*I : PRINT USING FORMAT$; S(I);
90  NEXT I
100 PRINT : PRINT "      D/MM"
110 'SCHLEIFE FUER DAS PROGRAMM
120 FOR J = 1 TO 10
130  D = 10 * J
140 'SCHLEIFE FUER EINE ZEILE
150  FOR K = 1 TO 5
160   IF S(K) >= .5*D THEN GOTO 180
170    G(J,K)= .2422*S(K)*(D-S(K))
180  NEXT K
190 NEXT J
200 'AUSGABE
210 FOR J = 1 TO 10
220  D = 10*J : PRINT USING FORMAT$; D;
230  FOR K = 1 TO 5 : PRINT USING FORMAT$; G(J,K); : NEXT K
240  PRINT
250 NEXT J
260 END
```

```basic
10  'AUFG. 35, TRANSPONIEREN. DATEI A35TRANS
20  CLS : INPUT "M, N "; M, N
30  OPTION BASE 1 : DIM A(M,N), B(N,M)
40  PRINT "MATRIX ZEILENW. EINGB., NACH JEDEM ELEMENT ENTER"
50  FOR I = 1 TO M
60   FOR K = 1 TO N : INPUT A(I,K) : NEXT K
70  NEXT I
80  'TRANSPONIEREN
90  FOR I = 1 TO M
100   FOR K = 1 TO N : B(K,I) = A(I,K) : NEXT K
110  NEXT I
120  'AUSGABE
130  PRINT : PRINT "TRANSPONIERTE MATRIX" : PRINT
140 FOR I = 1 TO N
150  FOR K = 1 TO M : PRINT B(I,K); : NEXT K : PRINT
160 NEXT I
170 END


10  'AUFG. 36 KOND.GL.SYSTEM. DATEI A36KOND
20  OPTION BASE 1 : DIM A(6,6), C(6,6), BETR(6)
30  PRINT "6 MAL 6 MATRIX ZEILENWEISE EINGEBEN"
40  PRINT "NACH JEDEM ELEMENT ENTER."
50  FOR I = 1 TO 6
60   FOR K = 1 TO 6 : INPUT A(I,K) : NEXT K
70  NEXT I
80 PRINT : PRINT "    M A T R I X " : PRINT
90 FOR I = 1 TO 6
100  FOR K = 1 TO 6 : PRINT A(I,K); : NEXT K : PRINT
110 NEXT I : PRINT
120 'BERECHNUNG DER BETRAEGE
130  FOR I = 1 TO 6
140  FOR K = 1 TO 6
150   BETR(I) = BETR(I) + A(I,K)*A(I,K)
160  NEXT K
170  BETR(I) = SQR(BETR(I))
180 NEXT I
190 'COS-WERTE
200 FOR I = 1 TO 5
210  FOR J = I+1 TO 6
220   SUM = 0
230   FOR K = 1 TO 6
240    SUM = SUM + A(I,K)*A(J,K)
250   NEXT K
260   C(I,J) = SUM/(BETR(I)*BETR(J))
270   IF ABS(C(I,J)) < .92 THEN GOTO 290
280    PRINT "I = "; I, "J = "; J, "COS = "; C(I,J) : SCH = -1
290  NEXT J
300 NEXT I
310 IF SCH = 0 THEN PRINT "MATRIX GUT KONDITIONIERT"
320 PRINT "PROGRAMMENDE"
330 END
```

```
10  'AUFG. 37, FARBCODE. DATEI A37FARZA
20  CLS : DIM FARB$(9), DREI$(3), ZIFF(3)
30  DATA SCHWARZ, BRAUN, ROT, ORANGE, GELB, GRUEN, BLAU,
         VIOLETT, GRAU, WEISS
40  FOR I = 0 TO 9 : READ FARB$(I) : NEXT I
45  'EINGABE UND ZUORDNUNG
50  PRINT "DREI RICHTIGE FARBEN EINGEBEN, NACH JEDER ENTER"
60  FOR I = 1 TO 3
70   INPUT DREI$(I)
80   FOR J = 0 TO 9
90    IF DREI$(I) = FARB$(J) THEN GOTO 110
100  NEXT J
110  ZIFF(I) = J
120 NEXT I
130 'BERECHNUNG DES WIDERSTANDES
140 POT = 10^ZIFF(3) : R = (10*ZIFF(1) + ZIFF(2))*POT
150 PRINT "ENTSPRICHT "; R; " OHM"
160 END


10  'AUFG. 38 ISOGRAMM IN ZAHLEN. DATEI A38ISO2
20  'DIE BEZEICHNUNGEN STIMMEN MIT DENEN DES
30  'BEISP. 40, S.123 UEBEREIN.
40  CLS : OPTION BASE 1 : DIM Z(48), XACHS(13)
50  READ ALX, ALY : DATA .2362, .3937
60  DDX = 1/(20*ALX) : DDY = 1/(20*ALY)
70  PRINT "     ISOGRAMM DER FUNKTION Z = .5 * (9 + X^2 - Y^2) + .5"
80  PRINT "               X-ACHSE SENKRECHT NACH UNTEN" : PRINT
90  XACHS(1) = -3
100 FOR I = 2 TO 13 : XACHS(I) = XACHS(I-1) + .5 : NEXT I
110 J = 1
120 'SCHLEIFE FUER DAS PROGRAMM
130 FOR X = -3 TO 3.15 STEP DDX
140  I = 1
150 'SCHLEIFE FUER EINE ZEILE
160  FOR Y = -3 TO 3 STEP DDY
170   Z(I) = INT(.5 * (9 + X*X - Y*Y) +.5) : I = I+1
180  NEXT Y
190  IF XACHS(J) > X THEN PRINT "          ";
        ELSE PRINT USING "###.#   ";XACHS(J); : J = J + 1
200  FOR K = 1 TO 48 : PRINT USING "#"; Z(K); : NEXT K
210  PRINT
220 NEXT X
230 END
```

```basic
10 'AUFG. 39, N-TE WURZEL. DATEI A39WURZ
20  INPUT "N, A, B EINGEBEN ", N, A, B
30  PRINT : PRINT " L O E S U N G E N " : PRINT
40  PRINT " K  REALTEIL    IMAGINAERTEIL" : PRINT
50  PI = 3.14159 : X = A : Y = B : GOSUB 1000
60  IF R = 0 THEN PRINT "KEINE LOESUNG" : GOTO 120
70  R = R^(1/N) : PHIO = PHI/N : DPHI = 2*PI/N
80  FOR K = 0 TO N-1
90    PHI = PHIO + K*DPHI : GOSUB 2000
100   PRINT USING "## ####.####    ####.####"; K; X; Y
110 NEXT K
120 END
1000 'UP RECHTW. IN POLARKKOORD.
1010 R = SQR(X*X + Y*Y)
1020 IF X = 0 THEN GOTO 1050
1030  PHI = ATAN(Y/X)
1040  IF X > 0 THEN RETURN
                 ELSE PHI = PHI + PI : RETURN
1050 IF Y > 0 THEN PHI = PI/2 ELSE PHI = -PI/2
1060 RETURN
2000 'UP POLAR. IN RECHTW. KOORD.
2010  X = R*COS(PHI) : Y = R*SIN(PHI)
2020  RETURN


10 'AUFG. 40 INTEGRALFUNKTION. DATEI A40INT
20  CLS : DEF FNF(X) = 3*X*X
30  INPUT "XMIN, XMAX, DX EINGEBEN ", XMIN, XMAX, DX
40  PRINT  : PRINT " FUNKTION UND INTEGRALFUNKTION"
50  PRINT "   X         F(X)        I(X)" : PRINT
60  'VORLAUF FUER 1. WERT
70  Y = FNF(XMIN) : I = 0
80  FORMAT$ = "####.## #####.## #####.##"
90  PRINT USING FORMAT$; X, Y, I
100 'SCHLEIFE FUER DIE TAFEL
110 FOR X = XMIN+DX TO XMAX STEP DX
120  Y = FNF(X) : A = X-DX : B = X : GOSUB 1000
130  I = I + SIMPS
140   PRINT USING FORMAT$; X, Y, I
150 NEXT X
160 END
1000 'UP SIMPSON REGEL
1010 '1. INTEGRAL MIT 2 STREIFEN
1020 H = .5*(B-A) : N = 1 : RAND = FNF(A) + FNF(B)
1030 Y2 = 0 : Y4 = FNF(A+H) : S1 = H*(RAND + 4*Y4)/3
1040 'LAUFENDE HALBIERUNG
1050 H = .5*H : N = 2*N : Y2 = Y2+Y4 : Y4 = 0 : XUP = A + H
1060 FOR K = 1 TO N
1070  Y4 = Y4 + FNF(XUP) : XUP = XUP + 2*H
1080 NEXT K
1090 SIMPS = H*(RAND + 2*Y2 + 4*Y4)/3
1100 'ENDABFRAGE
1110 EPS = ABS((SIMPS-S1)/SIMPS) : S1 = SIMPS
1120 IF EPS < .00001 THEN GOTO 1050
1130 RETURN
```

```
10   'AUFG. 41, ZEILEN- SPALTENSUMMEN. DATEI A41ZEIL
20   CLS : INPUT "M, N EINGEBEN " , M, N : PRINT
30   M1 = M + 1 : N1 = N + 1
40   OPTION BASE 1 : DIM A(M1,N1), B(M1,N1)
50   GOSUB 1000
60   GOSUB 3000
70   M = M1 : N = N1
80   FOR I = 1 TO M
90    FOR K = 1 TO N : A(I,K) = B(I,K) : NEXT K
100 NEXT I
110 GOSUB 2000
120 END
1000 'EINLESEN EINER MATRIX
1010  PRINT "MATRIXELEMENTE ZEILENWEISE EINGEBEN,
               NACH JEDEM ELEMENT ENTER."
1020  FOR I = 1 TO M
1030   FOR K = 1 TO N : INPUT A(I,K) : NEXT K
1040  NEXT I
1050  RETURN
2000 'AUSGABE EINER MATRIX
2010  PRINT : PRINT "            M A T R I X " : PRINT
2020  FOR I = 1 TO M
2030   FOR K = 1 TO N : PRINT USING "#####.###"; A(I,K); : NEXT K
2040  PRINT : NEXT I
2050  RETURN
3000 'ZEILEN UND SPALTENSUMMEN
3010 'ERSTER TEIL VON B
3020  FOR I = 1 TO M
3030   FOR K = 1 TO N : B(I,K) = A(I,K) : NEXT K
3040  NEXT I
3050 'ZEILENSUMMEN
3060  FOR I = 1 TO M
3070   B(I,N1) = 0
3080   FOR K = 1 TO N : B(I,N1) = B(I,N1) + A(I,K) : NEXT K
3090  NEXT I
3100 'SPALTENSUMMEN
3110  FOR K = 1 TO N1
3120   B(M1,K) = 0
3130   FOR I = 1 TO M : B(M1,K) = B(M1,K) + B(I,K) : NEXT I
3140  NEXT K
3150  RETURN
```

```
10  'AUFG. 42, WARTESCHLANGE. DATEI A42WART
20   CLS : DIM F(5), KK(20), LL(20) : T = 1
25   PRINT "                         W A R T E S C H L A N G E" : PRINT
30   INPUT "                         TEIN = ", TEIN : LOCATE 3,35 :
     INPUT "TAUS = ", TAUS : PRINT
40   RANDOMIZE TIMER
50   GOSUB 1000
60   FOR I = 1 TO 5
70    DRUCK = 0
80    FOR II = 1 TO 20*TAUS
90     ZUF = RND
100  'ZUGANG
110     FOR J = 0 TO 5
120      IF ZUF <= F(J) THEN L = L+J : GOTO 150
130     NEXT J
140     L = L + 6
150     AB = T MOD TAUS
160     IF AB <> 0 THEN GOTO 205
170  'ABGANG
180     K = K + 1 : DRUCK = DRUCK + 1 : KK(DRUCK) = K
190     IF L > 0 THEN L = L - 1
200     LL(DRUCK) = L
205     T = T + 1
210   NEXT II
220  'AUSGABE
230   PRINT " K   "; : FOR IAUS = 1 TO 20 : PRINT USING "###";
                        KK(IAUS); : NEXT IAUS : PRINT
240   PRINT " L   "; : FOR IAUS = 1 TO 20 : PRINT USING "###";
                        LL(IAUS); : NEXT IAUS : PRINT  : PRINT
250 NEXT I
260 END
1000 'UP POISSON VERTEILUNG
1010 MU=1/TEIN : P=EXP(-MU) : F(0)=P : FAK=1 : E=P
1020 FOR IUP = 1 TO 5
1030   FAK = FAK * IUP
1040   P = E * MU^IUP/FAK
1050   F(IUP) = F(IUP-1) + P
1060 NEXT IUP
1070 RETURN


10  'AUFG. 43, SEQU. SUCHEN. DATEI A43SSUCH
20   CLS : PRINT "TELEFONVERZEICHNIS" : PRINT : ZEILE = 3
30   OPEN "TELEFON" FOR INPUT AS #1 : INPUT #1, N
40   INPUT "NAME: ", SUCH$ : LOCATE ZEILE, 15
50   IF SUCH$ = "XXX" THEN GOTO 90
60    IF NOT EOF(1) THEN INPUT #1, NAM$, NR    ELSE PRINT
          "NAME NICHT IN DATEI" : GOTO 80
70     IF NAM$ <> SUCH$ THEN GOTO 60 ELSE PRINT NR
80     ZEILE = ZEILE + 1 : CLOSE #1 : GOTO 30
90 PRINT : PRINT "PROGRAMMENDE"
100 CLOSE #1 : END
```

```
10 'AUFG 44, INVERTIEREN. DATEI A44INVER
20  OPTION BASE 1 : DIM NAM$(100), NR(100),
                         NAMNEU$(100), NRNEU(100)
30  OPEN "TELEFON" FOR INPUT AS #1
40  INPUT #1, N  'KOPFSATZ
50  FOR I = 1 TO N
60   INPUT #1, NAM$(I), NR(I) : A(I) = NR(I)
70  NEXT I
80  GOSUB 1000
90 'NAMEN ZUORDNEN
100 FOR I = 1 TO N
110  FOR K = 1 TO N
120   IF A(I) = NR(K) THEN NAMNEU$(I) = NAM$(K) : NRNEU(I) = NR(K)
130  NEXT K : NEXT I
140 'INVERTIERTE DATEI
150 OPEN "INVTELE" FOR OUTPUT AS #2
160 WRITE #2, N
170 FOR I = 1 TO N
180  PRINT NRNEU(I), NAMNEU$(I)
190  WRITE #2, NRNEU(I), NAMNEU$(I)
200 NEXT I
210 CLOSE #2
220 END
1000 'SORTIEREN
1010 FOR J = 1 TO N-1
1020  FOR K = 1 TO N-J
1030   IF A(J) <= A(J+K) THEN GOTO 1050
1040    H = A(J) : A(J) = A(J+K) : A(J+K) = H
1050  NEXT K
1060 NEXT J
1070 RETURN


10 'AUFG. 45, MISCHEN. DATEI A45MISH2
20  OPEN "STAMM" FOR INPUT AS #1
30  OPEN "BEW" FOR INPUT AS #2  : CLS
40  OPEN "MISCH" FOR OUTPUT AS #3
50 'VORLAUF
60  INPUT #1, SSATZ$ : KSTA$ = MID$(SSATZ$, 1,4)
70  INPUT #2, BSATZ$ : KBEW$ = MID$(BSATZ$, 1,4)
80 'BEGINN DER SCHLEIFE
90  IF KSTA$ <= KBEW$ THEN GOTO 100 ELSE GOTO 130
100  PRINT #3,  SSATZ$
110  IF NOT EOF(1) THEN INPUT #1, SSATZ$ :
        KSTA$ = MID$(SSATZ$, 1,4) ELSE GOTO 160
120 GOTO 90
130  PRINT #3, "    "; BSATZ$
140  IF NOT EOF(2) THEN INPUT #2, BSATZ$ :
        KBEW$ = MID$(BSATZ$, 1,4) ELSE GOTO 210
150  GOTO 90
160 'REST DER BEWEGUNGSDATEI
170  PRINT #3, BSATZ$
180  FOR I = 1 TO 1000
190   IF NOT EOF(2) THEN INPUT #2, BSATZ$ : PRINT #3, BSATZ$
                    ELSE GOTO 260
200  NEXT I
```

```
210  'REST DER STAMMDATEI
220    PRINT #3, SSATZ$
230    FOR I = 1 TO 1000
240     IF NOT EOF(1) THEN INPUT #1, SSATZ$ : PRINT #3, SSATZ$
                        ELSE GOTO 260
250    NEXT I
260    CLOSE
270  'AUSGABE DER GEMISCHEN DATEI
280    OPEN "MISCH" FOR INPUT AS #3
290      WHILE NOT EOF(3)
300       LINE INPUT #3, SATZ$ : PRINT SATZ$
310      WEND
320    END


10  'AUFG.46, SORTIEREN MIT DATEI. DATEI A46SORT4
20    OPTION BASE 1 : DIM A(100)
30    OPEN "UNSORT" FOR INPUT AS #1
40    OPEN "SORT" FOR OUTPUT AS #2
50  'LESEN DER UNSORTIERTEN DATEI
60    FOR I = 1 TO 100
70     IF NOT EOF(1) THEN INPUT #1, A(I) ELSE GOTO 90
80 NEXT I
90   N = I - 1
100 GOSUB 1000   'SORTIEREN
110 'AUFBAU DER SORTIERTEN DATEI
120 FOR I = 1 TO N : WRITE #2, A(I) : NEXT I
130 CLOSE #2
140 'LESEN DER SORTIERTEN DATEI
150   OPEN "SORT" FOR INPUT AS #2
160   FOR I = 1 TO N
170    INPUT #2, A(I) : PRINT A(I);
180   NEXT I
190   END
1000 'SORTIEREN
1010 FOR J = 1 TO N-1
1020  FOR K = 1 TO N-J
1030   IF A(J) <= A(J+K) THEN GOTO 1050
1040    H = A(J) : A(J) = A(J+K) : A(J+K) = H
1050  NEXT K
1060 NEXT J
1070 RETURN
```

```
10 'AUFG. 47, BIN. SUCHEN. DATEI A47BSUCH
20  OPEN "BINSUCH" AS #1 LEN = 22
30  FIELD #1, 2 AS PNR$, 20 AS PNAM$
40  MIN = 1 : MAX = 10 : MITTALT = 1
50  INPUT "SUCHNR: ", SUCHNR
60  MITTNEU = INT(.5*(MIN+MAX))
70  IF MITTNEU = MITTALT THEN PRINT
                              "ELEMENT NICHT IN DATEI." : GOTO 130
                              ELSE MITTALT = MITTNEU
80  GET #1, MITTNEU : DATNR = CVI(PNR$)
90  IF DATNR = SUCHNR THEN GOTO 120
100 IF DATNR < SUCHNR THEN MIN = MITTNEU
                           ELSE MAX = MITTNEU
110 GOTO 60
120 PRINT DATNR, PNAM$
130 CLOSE #1 : END


10 'AUFG. 48, AENDERUNGSDIENST. DATEI A48AEND
20  DIM B$(12), SNR(12), SATZ$(12)
30  OPEN "INS2" AS #1 LEN = 40
40  'INDEXTAFEL EINLESEN
50  FIELD #1, 38 AS PB$, 2 AS PNR$
60  FOR I = 1 TO 12
70    GET #1, I : BB$ = PB$ : B$(I) = MID$(BB$,1,1) :
                  SNR(I) = CVI(PNR$)
80  NEXT I
90  'NEUER SATZ
95 FIELD #1, 40 AS PSATZ$
100 INPUT"NEUER SATZ: ", NEUS$ : NEUB$ = MID$(NEUS$, 1,1)
110 GOSUB 1000
120 'BLOCK EINLESEN
130 J = 1
140 FOR I = ADR TO ADR+11
150   GET #1, I : SATZ$(J) = PSATZ$ : J = J+1
160 NEXT I
170 SATZ$(12) = NEUS$
180 GOSUB 2000
185 J = 1
190 FOR I = ADR TO ADR+11
200   LSET PSATZ$ = SATZ$(J) : PUT #1, I : J = J+1
210 NEXT I
220 END
1000 'SEQU. SUCHEN
1010   FOR I = 1 TO 12
1020     IF B$(I) = NEUB$ THEN ADR = SNR(I) : RETURN
1030     IF B$(I) > NEUB$ THEN ADR = SNR(I-1) : RETURN
1040   NEXT I
2000 'SORTIEREN
2010   FOR K = 12 TO 1 STEP -1
2020     IF SATZ$(K) > SATZ$(K-1) THEN GOTO 2050
2030       H$ = SATZ$(K-1) : SATZ$(K-1) = SATZ$(K) : SATZ$(K) = H$
2040   NEXT K
2050   RETURN
```

```
10   'AUFG.49, KREIS, DATEI A49KREIG
20   DATA 1.5714, 1.4214
30   READ ALDRX,  ALDRY
40   INPUT "MIITELPUNKTSKOORD, RADIUS IN MM "; X, Y, R
50   LPRINT "X = ";X, "Y = "; Y, "R ="; R
60   XB1 = X*ALDRX : YB1 = Y*ALDRY
70   RBX = ALDRX*R : RBY = ALDRY*R
80   CLS : SCREEN 1
90   'KREIS UND SECHSECK, I = 1 IST KREIS
100   FOR I = 1 TO 2
110    IF I = 1 THEN DPHI = .02
          ELSE DPHI = 1.0472 : RBX = 1.5*RBX : RBY = 1.5*RBY
120   LINE -(XB1+RBX, YB1),0
130   FOR PHI = 0 TO 6.284 STEP DPHI
140   XB = XB1 + RBX * COS(PHI)
150   YB = YB1 + RBY * SIN(PHI)
160   LINE -(XB,YB)
170 NEXT PHI
180 NEXT I
190 END
```

Ausgabe s. Bild 43, S. 199

```
10   'AUFG.50, FOURIER-REIHE. DATEI A50FOURG
20   'HILFSGROESSEN
30   DATA 30, 156, 30, 70 : READ LI, RE, UN, OB
40   DATA 0, 6.29, -1, 1 : READ XMIN, XMAX, YMIN, YMAX
50   DATA 1.5714, 1.4214 : READ ALDRX, ALDRY
60   XB1 = LI*ALDRX : XB2 = RE*ALDRX
70   YB1 = 199 - UN*ALDRY : YB2 = 199 - OB*ALDRY
80   YB0 = (YB1+YB2)/2
90   MX = (XB2-XB1)/XMAX : MY = (YB2-YB1)/(YMAX-YMIN)
100 'ACHSEN
110 CLS : SCREEN 1
120 LINE (XB1,YB1)-(XB1,YB2) : LINE (XB2,YB0)-(XB1,YB0)
130 'ALLE PUNKTE
140 A = 1.27324   '4/PI
150 FOR I = 0 TO 629 STEP 2
160   X = .01*I : Y = 0
170   'EIN PUNKT
180   FOR K = 1 TO 21 STEP 2
190   Y = Y + (SIN(K*X))/K
200   NEXT K
210   XB = XB1 + X*MX : YB = YB0 + A*Y*MY
220   LINE -(XB,YB)
230 NEXT I
240 END
```

Bild 42 Fourier-Reihe

```
10    'AUFG.51 VAN DER WAALS. DATEI A51WAALG
20    DEF FNW(T,V) = (R*T/(V-B) - A/(V*V))
30    DATA 8314, 0.423E6, 0.0371 : READ R, A, B
40    GOSUB 1000   'KOORDINATENSYSTEM
50    'ALLE KURVEN
60    FOR K = 1 TO 5
70    T = 340 + 20*K
80    'SUCHEN DER UNSTETIGKEIT
90    FOR I = 1 TO 300
100   X = .001*I : Y = FNW(T,X)
110   IF Y>0 AND Y<2E+07 THEN GOTO 130
120  NEXT I
130  'EINE KURVE
140  XB = XB1 + X*MX : YB = YB1 + Y*MY
150  LINE -(XB, YB),0
160  FOR J = I TO 300
170   X = .001*J : Y = FNW(T,X)
180   XB = XB1 + X*MX : YB = YB1 + Y*MY
190   LINE -(XB,YB)
200  NEXT J
210  NEXT K
220  END
1000 ' UP KOORDINATENSYSTEM.
1010 DATA 50, 110, 30, 130 : READ LI, RE, UN, OB
1020 DATA 0,      .3 ,  .1, 0,   200E5, 50E5 :
     READ XMIN, XMAX, DX, YMIN, YMAX, DY
1130 '
1140 'BILDSCHIRMKOORD. DER ECKPUNKTE, MASSTAEBE
1150 DATA 1.5714, 1.4214
1160 READ ALDRX,  ALDRY
1170 XB1 = LI*ALDRX : XB2 = RE*ALDRX :
     YB1 = 199 - UN*ALDRY : YB2 = 199 - OB*ALDRY
1180 MX = (XB2-XB1)/(XMAX-XMIN) : MY = (YB2-YB1)/(YMAX-YMIN)
1190 DDX = 1/(ALDRX*MX) 'X-DIFF FUER ABSTAND ZWEIER BILDPUNKTE
1200 '
1210 'BEGINN DER GRAPHIK
1220 CLS : SCREEN 1 : KEY OFF
1240 N = INT(.5+(XMAX-XMIN)/DX) : DXB = MX * DX
1250 FOR I = 0 TO N
1260  XB = XB1 + I * DXB : LINE (XB,YB1)-(XB,YB2)
1280 NEXT I
1300 'PARALLELEN ZUR ABSZISSE
1310 N = INT(.5+(YMAX-YMIN)/DY) : DYB = MY * DY
1320 FOR I = 0 TO N
1330  YB = YB1 + I * DYB : LINE (XB1,YB)-(XB2,YB)
1350 NEXT I
1360 'BESCHRIFTUNG
1370 LOCATE 1, 10 : PRINT "VAN DER WAALS"
1380 LOCATE 3, 7 : PRINT "200"
1390 LOCATE 5, 5 : PRINT "P/BAR"
1400 LOCATE 22,9 : PRINT "0    V/LITER 300"
1410 RETURN
```

Ausgabe s. Bild 44, S. 199

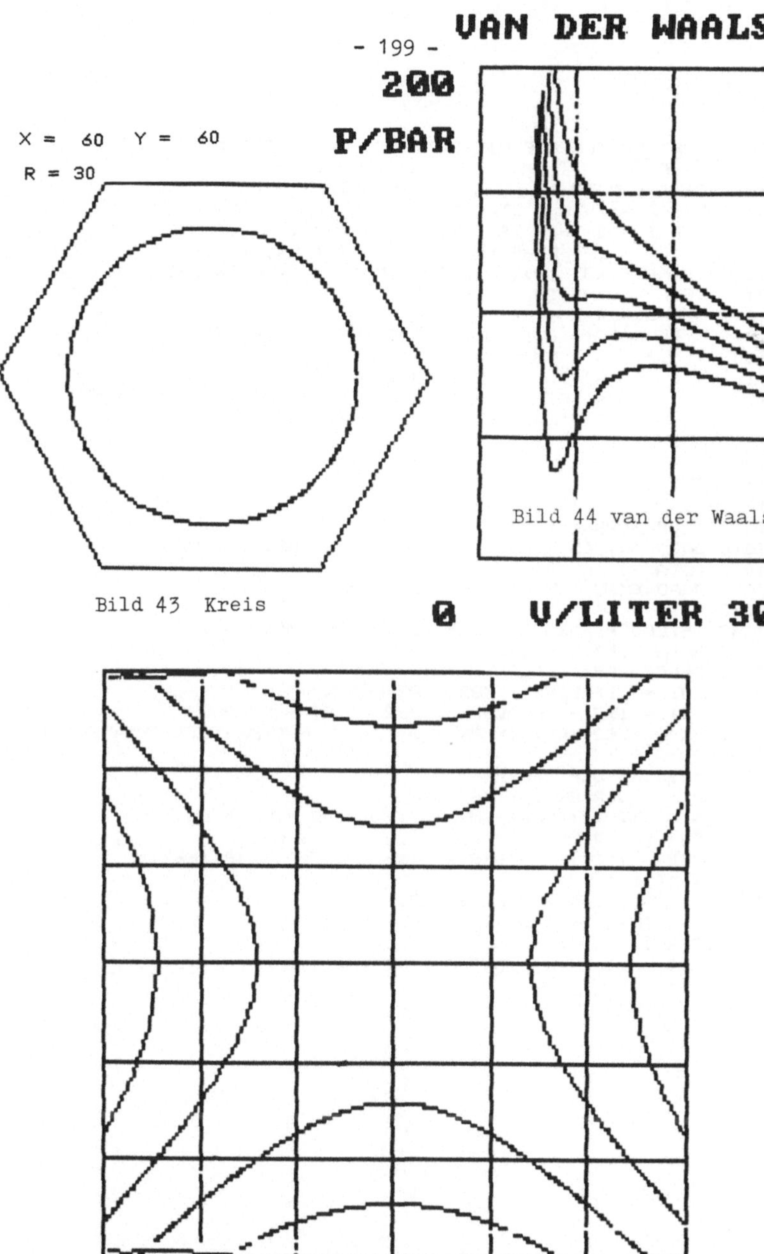

Bild 43 Kreis

Bild 45 Fläche mit Sattelpunkt

```
10    'AUFG.52 FLAECHE MIT SATTPKT. DATEI A52SATTG
20    GOSUB 1000
30    FOR I = 0 TO 1   'VORZ. DER WURZEL
40     FOR Z = 2 TO 8 STEP 2
50      IF I = 0 THEN XB = XB1 : YB = YB1 + 5.9*MY
                    ELSE XB = XB1 : YB = YB1 + .1*MY
60      LINE -(XB, YB),0 'LICHTPUNKT AN RAENDER DES DIAGR.
70       FOR X = -3 TO 3 STEP .02
80        RAD = X*X + 10 - 2*Z
90       IF RAD <= 0 THEN Y = 0 ELSE Y = SQR(RAD)
100       IF I = 1 THEN Y = - Y
110        IF ABS(Y) > 3 THEN GOTO 140
120         XB = XB1 +(X-XMIN)*MX : YB = YB1 + (Y-YMIN)*MY
130          LINE -(XB, YB)
140     NEXT X
150    NEXT Z
160 NEXT I
170 END
1000 ' UP KOORDINATENSYSTEM.
1010 DATA 30, 150, 15, 135 : READ LI, RE, UN, OB
1020 DATA -3,    3,    1,   -3,    3,    1 :
     READ XMIN, XMAX, DX, YMIN, YMAX, DY
1130 '
1140 'BILDSCHIRMKOORD. DER ECKPUNKTE, MASSTAEBE
1150 DATA 1.5714, 1.4214
1160 READ ALDRX,  ALDRY
1170 XB1 = LI*ALDRX : XB2 = RE*ALDRX :
     YB1 = 199 - UN*ALDRY : YB2 = 199 - OB*ALDRY
1180 MX = (XB2-XB1)/(XMAX-XMIN) : MY = (YB2-YB1)/(YMAX-YMIN)
1200 '
1210 'BEGINN DER GRAPHIK
1220 CLS : SCREEN 1 : KEY OFF
1240 N = INT(.5+(XMAX-XMIN)/DX) : DXB = MX * DX
1250 FOR I = 0 TO N
1260  XB = XB1 + I * DXB : LINE (XB,YB1)-(XB,YB2)
1280 NEXT I
1300 'PARALLELEN ZUR ABSZISSE
1310 N = INT(.5+(YMAX-YMIN)/DY) : DYB = MY * DY
1320 FOR I = 0 TO N
1330  YB = YB1 + I * DYB : LINE (XB1,YB)-(XB2,YB)
1350 NEXT I
1360 RETURN
```

DER ASCII DES IBM PC

American Standard Code for Information Interchange
Die Positionen 0 bis 127 entsprechen DIN 66 003, 7-bit Code.
Die Positionen 0 bis 31 sind Steuerzeichen (s.S. 118).

POS	ZCH	POS	ZCH	POS	ZCH	POS	ZCH	POS	ZCH	POS	ZCH	POS	ZCH
32		64	@	96	`	128	Ç	160	á	192	└	224	α
33	!	65	A	97	a	129	ü	161	í	193	┴	225	ß
34	"	66	B	98	b	130	é	162	ó	194	┬	226	Γ
35	#	67	C	99	c	131	â	163	ú	195	├	227	π
36	$	68	D	100	d	132	ä	164	ñ	196	─	228	Σ
37	%	69	E	101	e	133	à	165	Ñ	197	┼	229	σ
38	&	70	F	102	f	134	å	166	ª	198	╞	230	µ
39	´	71	G	103	g	135	ç	167	º	199	╟	231	γ
40	(	72	H	104	h	136	ê	168	¿	200	╚	232	Φ
41	)	73	I	105	i	137	ë	169	⌐	201	╔	233	Θ
42	*	74	J	106	j	138	è	170	¬	202	╩	234	Ω
43	+	75	K	107	k	139	ï	171	½	203	╦	235	δ
44	,	76	L	108	l	140	î	172	¼	204	╠	236	∞
45	-	77	M	109	m	141	ì	173	¡	205	═	237	ø
46	.	78	N	110	n	142	Ä	174	«	206	╬	238	ε
47	/	79	O	111	o	143	Å	175	»	207	╧	239	∩
48	0	80	P	112	p	144	É	176	░	208	╨	240	≡
49	1	81	Q	113	q	145	æ	177	▒	209	╤	241	±
50	2	82	R	114	r	146	Æ	178	▓	210	╥	242	≥
51	3	83	S	115	s	147	ô	179	│	211	╙	243	≤
52	4	84	T	116	t	148	ö	180	┤	212	╘	244	⌠
53	5	85	U	117	u	149	ò	181	╡	213	╒	245	⌡
54	6	86	V	118	v	150	û	182	╢	214	╓	246	÷
55	7	87	W	119	w	151	ù	183	╖	215	╫	247	≈
56	8	88	X	120	x	152	ÿ	184	╕	216	╪	248	°
57	9	89	Y	121	y	153	Ö	185	╣	217	┘	249	∙
58	:	90	Z	122	z	154	Ü	186	║	218	┌	250	·
59	;	91	[	123	{	155	Φ	187	╗	219	█	251	√
60	<	92	\	124			156	£	188	╝	220	▄	252	ⁿ
61	=	93	]	125	}	157	¥	189	╜	221	▌	253	²
62	>	94	^	126	~	158	₧	190	╛	222	▐	254	■
63	?	95	_	127		159	ƒ	191	┐	223	▀	255	

BASIC ANWEISUNGEN, FUNKTIONEN UND KOMMANDOS

WEITERFÜHRENDE LITERATUR

[1] American National Standard for BASIC (draft proposed)
     X3J2/84-26, New York 1984

[2] American National Standard for Minimal BASIC
     X3.60-1978, New York 1978

[3] Bauknecht, K.; Zehnder, C.A.: Grundzüge der Datenverar-
     beitung. Stuttgart 1983

[4] Becker, J.; u.a.: Numerische Mathematik für Ingenieure.
     Stuttgart 1985

[5] Brauch, W.; Dreyer, H.J.; Haacke, W.: Mathematik für
     Ingenieure. Stuttgart 1985

[6] DIN Taschenbücher Informationsverarbeitung, Nr. 25,
     125, 166, 206 Berlin 1985

[7] Duenbostl,T.; Oudin,T.: BASIC Physikprogramme. 2 Bde.
     Stuttgart 1984

[8] Goldschlager, L; Lister, A.: Informatik. München 1984

[9] Goldstein, L.J.; Goldstein, M.: Goldsteins IBM PC Buch.
     München 1985

[10] Gorny, P.; Viereck, A.: Interaktive graphische Datenver-
     arbeitung. Stuttgart 1984

[11] Hainer, K.: Numerik mit BASIC Tischrechnern.Stuttgart 1983

[12] IBM Deutschland GmbH.: BASIC Handbuch.
     Stuttgart 1983

[13] Kaier, E.: BASIC Wegweiser für den IBM PC.
     Braunschweig 1984

[14] Meyer, W.; Schacht, K.: BASIC. München 1985

[15] Norton, P.: Die verborgenen Möglichkeiten des IBM PC.
     München 1984

[16] Riederle, M.; Stief, S.: BASIC. München 1984

[17] Schlageter, G.; Stucky, W.: Datenbanksysteme. Stuttgart 1983

[18] Singer, F.: Programmieren in der Praxis. Stuttgart 1984

[19] Stetter, F.: Softwaretechnologie. Mannheim 1983

[20] Wirth, N.: Systematisches Programmieren. Stuttgart 1983

SACHVERZEICHNIS

MikroComputer–Praxis

Die Teubner Buch- und Diskettenreihe für
Schule, Ausbildung, Beruf, Freizeit, Hobby

Becker/Mehl: **Textverarbeitung mit Microsoft WORD**
251 Seiten. DM 26,80

Buschlinger: **Softwareentwicklung mit UNIX**
277 Seiten. DM 38,–

Danckwerts/Vogel/Bovermann: **Elementare Methoden der Kombinatorik**
Abzählen – Aufzählen – Optimieren – mit Programmbeispielen in ELAN
206 Seiten. DM 24,80

Duenbostl/Oudin: **BASIC-Physikprogramme**
152 Seiten. DM 23,80

Duenbostl/Oudin/Baschy: **BASIC-Physikprogramme 2**
176 Seiten. DM 24,80

Erbs: **33 Spiele mit PASCAL**
... und wie man sie (auch in BASIC) programmiert
326 Seiten. DM 32,–

Erbs/Stolz: **Einführung in die Programmierung mit PASCAL**
2. Aufl. 240 Seiten. DM 24,80

Grabowski: **Computer-Grafik mit dem Mikrocomputer**
215 Seiten. DM 24,80

Grabowski: **Textverarbeitung mit BASIC**
204 Seiten. DM 25,80

Haase/Stucky/Wegner: **Datenverarbeitung heute**
mit Einführung in BASIC
2. Aufl. 284 Seiten. DM 23,80

Hainer: **Numerik mit BASIC-Tischrechnern**
251 Seiten. DM 26,80

Hoppe/Löthe: **Problemlösen und Programmieren mit LOGO**
Ausgewählte Beispiele aus Mathematik und Informatik
168 Seiten. DM 21,80

Klingen/Liedtke: **ELAN in 100 Beispielen**
239 Seiten. DM 26,80

Klingen/Liedtke: **Programmieren mit ELAN**
207 Seiten. DM 23,80

Koschwitz/Wedekind: **BASIC-Biologieprogramme**
191 Seiten. DM 24,80

Lehmann: **Lineare Algebra mit dem Computer**
285 Seiten. DM 23,80

Lehmann: **Projektarbeit im Informatikunterricht**
Entwicklung von Softwarepaketen und Realisierung in PASCAL
236 Seiten. DM 24,80

Lehmann: **Fallstudien mit dem Computer**
Markow-Ketten und weitere Beispiele aus der linearen Algebra
und Wahrscheinlichkeitsrechnung
256 Seiten. DM 24,80

Fortsetzung auf der letzten Textseite

MikroComputer–Praxis

Fortsetzung

Löthe/Quehl: Systematisches Arbeiten mit BASIC
2. Aufl. 188 Seiten. DM 21,80

Lorbeer/Werner: Wie funktionieren Roboter
In Vorbereitung

Mehl/Stolz: Erste Anwendungen mit dem IBM-PC
284 Seiten. DM 26,80

Menzel: BASIC in 100 Beispielen
4. Aufl. 244 Seiten. DM 24,80

Menzel: Dateiverarbeitung mit BASIC
237 Seiten. DM 28,80

Menzel: LOGO in 100 Beispielen
234 Seiten. DM 23,80

Mittelbach: Simulationen in BASIC
182 Seiten. DM 23,80

Nievergelt/Ventura: Die Gestaltung interaktiver Programme
124 Seiten. DM 23,80

Ottmann/Schrapp/Widmayer: PASCAL in 100 Beispielen
258 Seiten. DM 24,80

Otto: Analysis mit dem Computer
239 Seiten. DM 23,80

v. Puttkamer/Rissberger: Informatik für technische Berufe
Ein Lehr- und Arbeitsbuch zur programmierbaren Mikroelektronik
284 Seiten. DM 23,80

Weber/Wehrheim: PASCAL-Programme im Physikunterricht
In Vorbereitung

MikroComputer–Praxis
DISKETTEN

Die nachstehenden Disketten (5 ¹/₄ Zoll) enthalten die Programme der gleich-
namigen zugehörigen Bücher, wobei Verbesserungen oder vergleichbare
Änderungen vorbehalten sind.

Duenbostl/Oudin/Baschy: BASIC-Physikprogramme 2
Diskette für Apple II   Empf. Preis DM 52,–
Diskette für C 64 / VC 1541, CBM-Floppy 2031, 4040; SIMON'S BASIC
Empf. Preis DM 52,–

Erbs: 33 Spiele mit PASCAL
. . . und wie man sie (auch in BASIC) programmiert
Diskette für Apple II; UCSD-PASCAL   Empf. Preis DM 46,–

Grabowski: Computer-Grafik mit dem Mikrocomputer
Diskette für C 64 / VC 1541; CBM-Floppy 2031, 4040   Empf. Preis DM 48,–
Diskette für CBM 8032, CBM-Floppy 8050, 8250; Commodore-Grafik
Empf. Preis DM 48,–

MikroComputer–Praxis Fortsetzung

Grabowski: **Textverarbeitung mit BASIC**
Diskette für CBM 8032, CBM-Floppy 8050, 8250   Empf. Preis DM 44,–

Hainer: **Numerik mit BASIC-Tischrechnern**
Diskette für C 64 / VC 1541; CBM-Floppy 2031, 4040   Empf. Preis DM 48,–
Diskette für IBM-PC; DOS 2.0   Empf. Preis DM 48,–

Hoppe/Löthe: **Problemlösen und Programmieren mit LOGO**
Ausgewählte Beispiele aus Mathematik und Informatik
Diskette für Apple II; IWT-LOGO   Empf. Preis DM 42,–
Diskette für C 64 / VC 1541; CBM-Floppy 2031, 4040   Empf. Preis DM 42,–

Koschwitz/Wedekind: BASIC-Biologieprogramme
Diskette für Apple II; DOS 3.3   Empf. Preis DM 46,–
Diskette für C 64 / VC 1541; CBM-Floppy 2031, 4040   Empf. Preis DM 46,–

Lehmann: **Projektarbeit im Informatikunterricht**
Entwicklung von Softwarepaketen und Realisierung mit PASCAL
Diskette „ZINSY" (Zeitschriften-Informationssystem) für Apple II; UCSD-PASCAL
Empf. Preis DM 46,–
Diskette „MUCHO" (Multiple Choice-Test) für Apple II; UCSD-PASCAL
Empf. Preis DM 46,–

Lehmann: **Lineare Algebra mit dem Computer**
Diskette für Apple II; UCSD-PASCAL   Empf. Preis DM 46,–

Menzel: **BASIC in 100 Beispielen**
Diskette für Apple II; DOS 3.3   Empf. Preis DM 42,–
Buch mit Beilage Diskette für CBM-Floppy 8050, 8250   DM 62,–
Diskette für C 64 / VC 1541; CBM-Floppy 2031, 4040   Empf. Preis DM 42,–

Menzel: **Dateiverarbeitung mit BASIC**
Diskette für Apple II; DOS 3.3 bzw. CP/M   Empf. Preis DM 48,–
Diskette für C 64 / VC 1541; CBM-Floppy 2031, 4040; bzw. für CBM 8032,
CBM-Floppy 8050, 8250   Empf. Preis DM 48,–

Menzel: **LOGO in 100 Beispielen**
Diskette für Apple II; MIT-Logo, dt. IWT-Version   Empf. Preis DM 42,–
Diskette für C 64 / VC 1541; CBM-Floppy 2031, 4040   Empf. Preis DM 42,–

Mittelbach: **Simulationen in BASIC**
Diskette für Apple II; DOS 3.3   Empf. Preis DM 46,–
Diskette für C 64 / VC 1541; CBM-Floppy 2031, 4040   Empf. Preis DM 46,–
Diskette für CBM 8032, CBM-Floppy 8050, 8250   Empf. Preis DM 46,–

Nievergelt/Ventura: **Die Gestaltung interaktiver Programme**
Buch mit Beilage Diskette für Apple II; UCSD-PASCAL   DM 62,–

Ottmann/Schrapp/Widmayer: **PASCAL in 100 Beispielen**
Diskette für Apple II; UCSD-PASCAL   Empf. Preis DM 48,–

Die Reihe wird durch weitere Bände und Disketten fortgesetzt.

Preisänderungen vorbehalten

Springer Fachmedien Wiesbaden GmbH